U0212151

Laboratory Safety:
Risk Control and Management

实验室安全
——风险控制与管理

李新实　主编

化学工业出版社

·北京·

内 容 简 介

《实验室安全——风险控制与管理》的内容包括实验室检验检测概述，实验室组成要素与风险因素识别，实验室危险品风险控制，实验室良好操作规范，实验室应急与信息安全管理及实验室安全事故主要类型与案例分析。

本书编写简明、易懂，适用作生物与化工大类检验检测相关专业高职院校教材，也适用作科研机构、企业等实验室相关人员安全教育及用作岗前教育培训资料。

图书在版编目（CIP）数据

实验室安全：风险控制与管理/李新实主编．—北京：
化学工业出版社，2021.10(2024.1重印)
ISBN 978-7-122-39562-7

Ⅰ.①实… Ⅱ.①李… Ⅲ.①实验室管理-安全管理
Ⅳ.①N33

中国版本图书馆 CIP 数据核字（2021）第 140318 号

责任编辑：刘心怡　蔡洪伟　　　　　　　装帧设计：关　飞
责任校对：李雨晴

出版发行：化学工业出版社（北京市东城区青年湖南街 13 号　邮政编码 100011）
印　　装：涿州市般润文化传播有限公司
710mm×1000mm　1/16　印张 11¾　字数 224 千字　2024 年 1 月北京第 1 版第 2 次印刷

购书咨询：010-64518888　　　　　　　　售后服务：010-64518899
网　　址：http://www.cip.com.cn

凡购买本书，如有缺损质量问题，本社销售中心负责调换。

定　　价：39.00 元　　　　　　　　　　　版权所有　违者必究

本书编写人员

主　编：李新实（全国检验检测认证职业教育集团）

副主编：唐茂芝（国家市场监督管理总局认证认可技术研究中心）

　　　　黄一波（常州工程职业技术学院）

参　编：姜　艳［中检邦迪（北京）智能科技有限公司］

　　　　康爱彬（河北化工医药职业技术学院）

　　　　江晨舟（上海安谱实验科技股份有限公司）

　　　　陈本寿（重庆化工职业学院）

　　　　崔润丽（河北化工医药职业技术学院）

　　　　夏德强（兰州石化职业技术学院）

　　　　孙　桃（徐州工业职业技术学院）

　　　　孙婷婷（徐州工业职业技术学院）

　　　　江　丽（中国检验检疫科学研究院综合检测中心）

　　　　杨　廷［中检邦迪（北京）智能科技有限公司］

　　　　陈　川（常州工程职业技术学院）

　　　　崔　岩（华测检测认证集团北京有限公司）

　　　　周正火［中检邦迪（北京）智能科技有限公司］

　　　　曹　旸［中检科创（北京）测试认证有限责任公司］

　　　　张成明（徐州生物工程职业技术学院）

　　　　高亚玲（河北化工医药职业技术学院）

　　　　陈　迪（中国合格评定国家认可委员会）

　　　　周　婕（中国合格评定国家认可委员会）

　　　　朱丽娜［中检邦迪（北京）智能科技有限公司］

主　审：宋桂兰（中国合格评定国家认可委员会）

前　言

　　实验室是进行实验、教学、检验、检测、科研等活动的重要场所。近年来随着实验室数量的增加，实验室安全管理、风险危害识别和潜在风险因素识别尤为重要，良好的实验室管理模式是保证检测结果可靠和检测数据准确的前提，保障实验室安全是我们的共同愿望。

　　笔者长期从事出入境检验检疫管理和科学研究工作，在实验室管理、建设等方面经验丰富并成效显著。本书从读者的角度出发，提出做好自身防护的措施，指明安全操作规范，介绍实验室安全基础知识，正确预防和控制风险，做好实验室应急预案，使学校教职工、学生以及其他工作人员在实验室从事各类工作时，对于容易出现安全事故的方面时刻保持警觉，遵守实验室的各项规章制度，规范化操作，科学地进行实验，确保实验工作的顺利进行。

　　《实验室安全——风险控制与管理》的内容包括实验室检验检测概述，实验室组成要素与风险因素识别，实验室危险品风险控制，实验室良好操作规范，实验室应急与信息安全管理及实验室安全事故主要类型与案例分析。

　　本书由全国检验检测认证职业教育集团组织编写工作，全国检验检测认证职业教育集团李新实任主编，国家市场监督管理总局唐茂芝和常州工程职业技术学院黄一波任副主编，参编来自中检邦迪（北京）智能科技有限公司、河北化工医药职业技术学院、重庆化工职业学院、兰州石化职业技术学院、徐州工业职业技术学院、徐州生物工程职业技术学院、常州工程职业技术学院、中检科创（北京）测试认证有限责任公司、中国检验检疫科学研究院综合检测中心、华测检测认证集团北京有限公司、上海安谱实验科技股份有限公司、中国合格评定国家认可中心，均是长期从实验室安全相关教学或从事科研工作的专家及技术人员。本书由中国合格评定国家认可委员会宋桂兰进行内容审核，在此一并向他们表示衷心的感谢。

由于编写时间仓促及编者水平有限，教材中不妥之处在所难免，恳请广大读者批评指正。

编者

2021 年 11 月

目 录

第三章　实验室危险品风险控制　/ 33

第四章　实验室良好操作规范　/ 74

第五章　实验室应急与信息安全管理　/ 160

第六章　实验室安全事故主要类型与案例分析　/ 170

第一章
实验室检验检测概述

一、实验室概述

实验室（Laboratory）一般泛指进行实验的场所。实验室的种类很多，从工作性质的角度可分为检测实验室、校准实验室、抽样实验室、科研实验室等；从归属的角度可分为国家级实验室、行业类实验室、高校实验室、社会民营实验室等；也可以按照专业领域划分为化学实验室、物理实验室、电气实验室、医学实验室、生物实验室等。随着我国国民经济的发展和科学技术的进步，各类实验室已经在我国的科技研发、行业管理、质量监督、检验检疫等多个领域起到了举足轻重的作用，特别是在目前的国际国内贸易中，实验室更逐步成为贸易双方对产品质量进行技术评价的重要技术环节。

本书中，实验室主要指检测实验室。

二、检验检测的发展历程

根据国际标准 ISO/IEC 17000《合格评定：词汇和通用原则》中的定义：检验（Inspection）是"对合格评定对象的审查，并确定其与具体要求的符合性，或在专业判断的基础上确定其与通用要求的符合性"。检测（Testing）是"按照程序确定合格评定对象一个或多个特性的活动"；通俗地说，检验检测就是依据技术标准和规范，使用仪器设备，在特定的场地和设施内进行测试活动，并依靠人的经验和知识，利用测试数据或者其他信息，作出测试结果是否符合相关规定的判定活动。

检验检测一直伴随着人类生产、生活和科研等活动。随着生产和交易活动对产品质量控制的需要越来越高，规范化、流程化、标准化的检验检测活动日益发展。到了工业革命后期，检验检测技术及仪器设备已经高度集成和复杂，逐渐产生了专业从事检验、检测、校准、检定的各类机构，检验检测自身也成为了一个蓬勃发展的行业领域。随着贸易发展的需要，出现了专门向社会提供产品安全测试、货物鉴定等质量服务的第三方检验检测机构，比如 1894 年成立的美国保险商实验室（UL），在贸易交往和市场监管中扮演着重要角色。

1903 年，英国开始依据英国工程标准协会（BSI）制定的标准，对经检验合格的铁轨产品实施认证并加施"风筝"标识，成为世界上最早的产品认证制度。到了 20 世纪 30 年代，欧美日等工业国家都相继建立了本国的认证制度，特别是针对质量安全风险较高的特定产品，纷纷推行强制性认证制度。随着国际间贸易的发展，为避免重复认证，便利贸易，客观上需要各国对认证活动采用统一的标准和规则程序，以此为基础实现认证结果的相互承认。到了 20 世纪 70 年代，欧美各国除了在本国范围内推行认证制度外，开始进行国与国之间认证制度的互认，进而发展到以区域标准和法规为依据的区域认证制度。最典型的区域认证制度是欧盟的 CENELEC（欧洲电工标准化委员会）电工产品认证，还有随后发展的欧盟 CE 指令。随着国际贸易日益全球化，建立世界范围内普遍通行的认证制度成为大势所趋。到了 20 世纪 80 年代，世界各国开始在多种产品上实施以国际标准和规则为依据的国际认证制度，比如国际电工委员会（IEC）建立的电工产品安全认证制度（IECEE）。此后认证逐渐由产品认证领域扩展到管理体系、人员认证等认证领域，比如国际标准化组织（ISO）推动建立的 ISO 9001 国际质量管理体系，以及依此标准开展的认证活动。

随着检验检测、认证等合格评定活动的开展，各类从事检验检测、认证活动的合格评定机构纷纷出现。但这些机构水平良莠不齐，使得用户无从选择，甚至有些机构还损害了相关方利益，这引发了要求政府规范认证机构、检验检测机构行为的呼声。为了保证认证、检验检测结果的权威性、公正性，认可活动应运而生。1947 年，第一个国家认可机构——澳大利亚 NATA 成立，首先对实验室进行认可。到了 20 世纪 80 年代，工业发达国家先后建立了本国认可机构。20 世纪 90 年代后，一些新兴国家也都相继建立了认可机构。

检验检测认证认可制度的发展保证了实验室的管理水平、技术能力、服务质量和服务水平；确保了实验室体系和技术能力能够满足用户的需求，增强了竞争能力。

认证认可检验检测是市场经济条件下加强质量管理、提高市场效率的基础性制度，是市场监管工作的重要组成部分。其本质属性是"传递信任，服务发展"，具有市场化、国际化的突出特点，被称为质量管理的"体检证"、市场经济的"信用证"、国际贸易的"通行证"。

中共中央、国务院对认证认可检验检测工作高度重视。2018 年 2 月，习近平总书记在十九届三中全会上代表中央政治局作工作报告时，专门提到"推进质量认证体系建设"。2018 年 1 月，国务院印发《关于加强质量认证体系建设 促进全面质量管理的意见》，明确将质量认证作为"推进供给侧结构性改革和放管服改革的重要抓手"，就质量认证体系建设作出全面部署。在十九届三中全会通过的《深化党和国家机构改革方案》中，明确市场监管总局"统一管理计量标准、检验检测、认证认可工作""国家认证认可监督管理委员会职责划入市场监督管理总局，对外保留牌子"。认证认可检验检测将对加强市场监管、优化营商环境、推动经济高质量发展发挥越来越重要的作用。

认证认可检验检测之所以是市场经济的一项基础性制度，概括起来说，体现为"一个本质属性、两个典型特征、三个基本功能、四个突出作用"。

（1）一个本质属性：传递信任，服务发展

市场经济本质上是信用经济，一切市场交易行为都是市场主体基于相互信任的共同选择。随着社会分工和质量安全问题日益复杂化，由具备专业能力的第三方对市场交易（产品、服务或企业组织）进行客观公正的评价和证实，成为市场经济活动的必要环节。获得第三方的认证认可，能够显著增进市场各方的信任，从而解决市场中的信息不对称问题，有效降低市场交易风险。认证认可制度诞生后，迅速广泛应用于国内国际经济贸易活动之中，向消费者、企业、政府、社会和世界传递信任。在市场体系和市场经济体制不断完善的过程中，认证认可"传递信任，服务发展"的特性将日益显现。

（2）两个典型特征：市场化、国际化

一是市场化特征。认证认可起源于市场、服务于市场、发展于市场，广泛存在于产品和服务等市场交易活动之中，能够在市场中传递权威可靠的信息，建立市场信任机制，引导市场优胜劣汰。市场主体采用认证认可手段，可以实现互信互认，打破市场和行业壁垒，促进贸易便利化，减少制度性交易成本；市场监管部门采用认证认可手段，可以加强质量安全监管，优化市场准入和事中事后监管，规范市场秩序，降低监管成本。

二是国际化特征。认证认可是世界贸易组织（WTO）框架下的国际通行经贸规则，国际上普遍将认证认可作为规范市场和便利贸易的通行手段，并建立统一标准、统一程序和统一体系。主要体现在：其一，国际上在诸多领域成立了国际合作组织，如国际标准化组织（ISO）、国际电工委员会（IEC）、国际认可论坛（IAF）、国际实验室认可合作组织（ILAC）等。它们的宗旨就是建立国际统一的标准和认证认可制度，实现"一次检验、一次检测、一次认证、一次认可、全球通行"。其二，国际上已建立了全方位的认证认可标准和准则，并由国际标准化组织（ISO）、国际电工委员会（IEC）等国际组织对外发布，目前已发布36项合格评定国际标准，为世界各国普遍采用。同时，世界贸易组织的《技术性贸易壁垒协定》（WTO/TBT）也对各国标准、技术法规和合格评定程序进行了规范，以尽可能减少对贸易的影响。其三，国际上普遍应用认证认可手段，一方面作为保证产品、服务符合法规标准要求的市场准入措施，如欧盟CE指令、日本PSE认证、中国CCC认证等强制性认证制度；一些国际市场采购体系如全球食品安全倡议（GFSI）也将认证认可作为采购准入条件或评价依据。另一方面作为贸易便利化措施，通过双多边互认避免重复检测认证，如国际电工委员会建立的电子电工产品测试及认证体系（IECEE）、电子元器件质量合格评定体系（IECQ）、防爆电气产品认证体系（IECEX）等互认安排覆盖全球90%以上经济体，极大地便利了全球贸易。

（3）三个基本功能：质量管理"体检证"、市场经济"信用证"、国际贸易"通行证"

根据《中华人民共和国认证认可条例》的定义，认证是指由认证机构证明产品、服务、管理体系符合相关技术规范、相关技术规范的强制性要求或者标准的合格评定活动。认可是指由认可机构对认证机构、检查机构、实验室以及从事评审、审核等认证活动人员的能力和执业资格，予以承认的合格评定活动。认证认可活动可以简单理解成对产品、服务及其企业组织进行符合性评价并向社会出具公示性证明，满足市场主体对各类质量特性的需求。在政府部门减少准入限制之"证"的情况下，市场主体间增进互信便利之"证"的功能越发不可或缺。

一是质量管理的"体检证"。认证认可是加强全面质量管理的有效工具。通过认证认可活动，能够帮助企业识别质量控制关键环节和风险因子。企业获得认证，需要经过内部审核、管理评审、工厂检查、计量校准、产品型式试验等多重评价环节，获证后还需定期进行证后监督，这意味着全套"体检"，能够持续保证管理体系的有效运行，从而切实加强质量管理。

二是市场经济的"信用证"。市场经济的本质是信用经济。获得第三方权威认证，是证明企业组织具备参与特定市场经济活动资质能力、证明其提供商品或服务符合要求的信用载体。例如，ISO 9001质量管理体系认证是国内外招投标、政府采购通常对参与竞标企业设立的基本条件，涉及环境、信息安全等特定要求的还会将ISO 14001环境管理体系认证、ISO 27001信息安全管理体系认证等作为资质条件；节能产品政府采购、国家"金太阳"工程等会将节能产品认证、新能源认证作为准入条件。可以说，认证认可检验检测为市场主体提供了信用证明，解决了信息不对称的难题，在市场经济活动中发挥着传递信任这一不可替代的作用。

三是国际贸易的"通行证"。认证认可由于国际化的特征，各国都倡导"一次检验检测，一次认证认可，国际通行互认"，因而能够帮助企业和产品顺利进入国际市场。认证认可在全球贸易体系中发挥着协调国际间市场准入、促进贸易便利等重要功能，是多双边贸易体制中促进相互市场开放的制度安排。多边领域，认证认可既是世界贸易组织（WTO）框架下促进货物贸易的国际通行规则，也是食品安全倡议、电讯联盟等一些全球采购体系的准入条件；双边领域，认证认可既是自贸区（FTA）框架下消除贸易壁垒的便利工具，也是各国政府间关于市场准入、贸易平衡等贸易磋商谈判的重要议题。许多国际贸易活动都把国际知名机构出具的认证证书或检测报告作为贸易采购的前提条件，以及贸易结算的必备依据；不光如此，不少国与国之间的市场准入谈判，都把认证认可检验检测作为重要内容，写入贸易协定。

（4）四个突出作用：改善市场供给、服务市场监管、优化市场环境、促进市场开放

一是面向市场主体引导提质升级，增加市场有效供给。目前所有国民经济门类和社会各领域都已全面推行认证认可制度，形成了涵盖产品、服务、管理体系、人员等各种认证认可类型，能够满足市场主体和监管部门的各方面需求。通过认证认可的传导反馈作用，引导消费和采购，形成有效的市场选择机制，倒逼生产企业提高管理水平和产品、服务质量，增加市场有效供给。近年来，国家认证认可监督管理委员会按照供给侧结构性改革的要求，发挥认证认可既能保"安全底线"、又能拉"质量高线"的作用，在获证企业开展质量管理体系升级行动，在食品、消费品和服务领域推行高端品质认证，激发了市场主体自主提升质量的积极性。

二是面向政府部门支撑行政监管，提高市场监管效能。国际上一般将市场分为前市场（销售前）和后市场（销售后）两个环节。无论是在前市场的准入还是后市场的事中事后监管中，认证认可都能够促进政府部门转变职能，通过第三方实行间接管理，减少对市场的直接干预。在前市场准入环节，政府部门通过强制性认证、约束性能力要求等手段，对涉及人身健康安全、社会公共安全的领域实行准入管理；在后市场监管环节，政府部门在事中事后监管中，发挥第三方机构的专业化优势，将第三方认证结果作为监管依据，保证监管的科学性、公正性。在充分发挥认证认可作用的情况下，监管部门不需把主要精力放在全面监管数以亿计的微观企业及产品上，而是应重点监管数量有限的认证认可、检验检测机构，借助这些机构将监管要求传导到企业身上，从而达到"四两拨千斤"的效果。

三是面向社会各方推动诚信建设，营造市场良好环境。政府部门可以将企业及其产品、服务的认证信息作为诚信评价和征信管理的重要依据，健全市场信任机制，优化市场准入环境、竞争环境和消费环境。优化市场准入环境方面，通过认证认可手段，确保进入市场的企业及其产品、服务符合相关标准和法律法规的要求，起到源头把关、净化市场的作用；优化市场竞争环境方面，认证认可向市场提供独立公正、专业可信的评价信息，避免信息不对称造成的资源错配，形成公平透明的竞争环境，起到规范市场秩序、引导市场优胜劣汰的作用；优化市场消费环境方面，认证认可最直接的功能就是指导消费，帮助消费者识别优劣，避免遭受不合格产品的侵害，并且引导企业诚信经营、改进产品和服务，起到保护消费者权益、提升消费品质的作用。

四是面向国际市场促进规则对接，提升市场开放程度。世界贸易组织《技术

贸易壁垒协定》将合格评定作为各成员方共同使用的技术性贸易措施，要求各方合格评定措施不得对贸易带来不必要障碍，并鼓励采用国际通行互认的合格评定程序。我国"入世"时，作出了统一市场合格评定程序、对国内外企业及产品给予国民待遇的承诺。采用国际通行互认的认证认可方式，可以避免内外监管的不一致和重复，提高市场监管的效率和透明度，有助于营造国际化的营商环境，为我国经济"走出去""引进来"提供便利条件。随着"一带一路"、自贸区建设加快推进，认证认可的作用更加显现。我国发布的《推动共建丝绸之路经济带和21世纪海上丝绸之路的愿景与行动》中，就把认证认可作为促进贸易畅通和规则互联互通的重要方面。近年来我国与东盟、新西兰、韩国等达成的自贸区协定中，都作出了认证认可方面的互认安排。

三、检验检测在国民经济中的地位

随着我国经济的不断发展，一个具有一定规模、一定服务能力的检验检测机构的建立是实现我国经济持续发展的必要手段。良好的检验检测机构能为国民经济建设提供标准化的计量测试和产（商）品检验技术服务，同时也为相应的执法部门提供履行职责的技术保障。根据国家市场监督管理总局发布的 2018 年度检验检测服务业统计结果显示，我国检验检测产业规模在不断扩大，检验检测产业结构持续优化，行业整体营收逐年增长，科研创新能力不断加强。

1. 检验检测产业规模不断扩大

近几年中我国的检验检测机构数量明显增加。截至 2018 年年底，全国共有39472 家检验检测机构，比 2013 年增加了 58.86％，较 2017 年增长 8.66％；全年实现营业收入 2810.5 亿元，较 2017 年增长 18.21％；从业人员 117.43 万人，较 2017 年增长 4.91％；共拥有各类仪器设备 633.77 万台套，较 2017 年增长10.1％；仪器设备资产原值 3195.54 亿元，较 2017 年增长 11.29％。2018 年共出具检验检测报告 4.28 亿份，同比增长 13.83％。检验检测机构数量及检验检测市场规模保持同步增长。此外，从户均产值、人均产值、户均出具检验检测报告数量等数据来看，2018 年我国检验检测行业整体发展形势良好，较 2017 年有明显提升。

2. 检验检测产业结构持续优化

事业单位制检验检测机构在机构总量的比重明显下降。2018 年，我国企业制的检验检测机构 26000 家，占机构总量的 65.87％；事业单位制 10924 家，占机构总量的 27.68％，事业单位制检验检测机构占机构总量的比重首次下降到30％以下。2014 年至 2018 年，我国事业单位制检验检测机构的比重分别为40.6％、38.1％、34.54％、31.30％和 27.68％，呈现明显的逐年下降趋势。

检验检测机构集约化发展势头显著，规模以上（年收入 1000 万元以上）机构数量稳步增长。2018 年，全国检验检测服务业中，规模以上检验检测机构数量达到 5051 家，营业收入达到 2148.8 亿元。规模以上检验检测机构数量仅占全行业的 12.8%，但营业收入占比达到 76.5%，规模效应十分显著。全国检验检测机构 2018 年年度营业收入 5 亿元以上机构有 37 家，比 2017 年多 10 家；收入 1 亿元以上机构有 354 家，比 2017 年多 60 家；收入 5000 万元以上机构有 899 家，比 2017 年多 158 家。近两年，规模以上检验检测机构年均增幅超过 12%，年度营业收入平均值达到 4254 万元，人均年产值达到 46.5 万元，接近外资检验检测机构的人均产值水平。在政府和市场双重推动之下，一大批规模大、水平高、能力强的中国检验检测品牌正在快速形成，检验检测机构集约化发展取得成效。截至 2018 年底，全国检验检测服务业上市企业数量 97 家，比 2017 年增长 12.79%，检验检测行业进入资本市场的速度进一步加快。

民营检验检测机构继续快速发展。截至 2018 年底，全国取得资质认定的民营检验检测机构共 19231 家，较 2017 年同比增长 15.43%。2014 年至 2018 年，民营检验检测机构数量占机构总量的比重持续上升，分别为 31.59%、40.16%、42.92%、45.86%、48.72%，即将超过半数，这预示着我国检验检测市场的格局将进一步发生结构性改变。2018 年民营检验检测机构全年取得营收 929.28 亿元，较 2017 年同比增长 33.56%，高于全国检验检测行业 18.21% 的平均年增长率。

外资检验检测机构发展平稳。2018 年，全国共有取得检验检测机构资质认定的外资企业 336 家，比 2017 年增长 11.63%；从业人员为 3.67 万人，比 2017 年减少 7.09%；实现营业收入 200.7 亿元，比 2017 年增长 0.67%。

市场委托检测成为主流，政府指令性业务持续下降。2018 年，全行业检验检测业务来源中，社会委托的检验检测报告 3.76 亿份，比 2017 年增长 24.81%，占比 87.7%；仅有 0.25 亿份报告来自政府指令性任务，占比 5.92%，较 2017 年下降 43.71%。表明我国检验检测市场进一步成熟，政府导向式的市场色彩进一步淡化。

3.行业整体营收呈逐年增长趋势

从 2013 年至 2018 年，检验检测服务行业整体营收呈逐年增长趋势。机构营收从 2013 年的 1398.51 亿元增加至 2018 年的 2810.5 亿元，增幅高达 100.96%。说明市场放开政策对检验检测服务业发展起到了很好的促进作用。2014 年至 2018 年检验检测服务行业营收年增长分别为 16.62%、10.37%、28.82%、13.51% 和 18.21%，增幅各不相同，2015 年检测市场初成开放态势，2016 年增速最高。

4.科研创新能力不断增强

2018 年，全行业获得高新技术企业认定的机构 1861 家，占全国检验检测机构总数的 4.71%。高新技术企业收入为 728.85 亿元，同比增长 35.68%。获得高新技术企业称号的检验检测机构户均营业收入 3916.44 万元，在行业中处于领先地位。全年检验检测行业投入研究与试验发展经费支出总计 158.38 亿元。参与科研项目总计 31627 项。2018 年，全行业拥有有效专利 48511 件，其中有效发明专利 23261 件，同比增长 24.77%。有效发明专利量占有效专利总数比重为 47.95%，比 2017 年提高了 9.48 个百分点。

检验检测技术水平是衡量一个国家科学技术水平的主要标志之一。检验检测技术的发展和提高，对于深入认识自然界规律、促进科学进步和国民经济的发展都起着重要作用。2018 年国务院印发《国务院关于加强质量认证体系建设促进全面质量管理的意见》，部署推进质量认证体系建设，强化全面质量管理，推动我国经济高质量发展。按照实施质量强国战略和质量提升行动的总体部署，运用国际先进质量管理标准和方法，构建统一管理、共同实施、权威公信、通用互认的质量认证体系，推动广大企业和全社会加强全面质量管理，全面提高产品、工程和服务质量，增强我国经济质量优势，推动经济发展进入质量时代。

四、实验室操作规范与管理模式

实验室是进行检验检测的重要场所，良好的实验室操作规范和实验室管理模式是保证检测数据质量的前提。

针对实验室操作规范，可以从人员、设备、物料、方法和环境五方面进行监督控制。

人员方面，从事检验检测工作的人员要具有与检验检测活动相应的教育背景，在完成全面完整的岗前培训和工作授权后，严格按照作业指导书规定的方法执行检测工作，及时、准确、清晰、完整地完成实验活动并形成记录。设备方面，主要指完成检验检测的相关装置、器皿和仪器。对仪器的要求是功能正常且需要在有效的校准检定周期内，有仪器使用和维护记录及验收等完整的档案。物料方面，用于检测的样品及标准物质，样品要确保存放条件满足物料的要求。标准物质除了要确保按规定条件存放外，还应关注级别及有效期，确保满足检测要求。方法，是检测的技术依据，即国家标准、行业标准，或相关验证过的方法。对于方法的基本要求是必须使用现行的方法，当技术依据的版本发生变化时，实验室必须及时正确地使用新方法。环境方面，指实验室为保证检验检测结果的质量而建设的环境和设施。实验室的环境条件应适合实验室的活动，且不对结果有效性产生不利影响，例如微生物污染、灰尘、电磁干扰、辐射、湿度、供电、温度、声音和振动等。

针对管理，5S 现场管理是一种常见的管理手段，能帮助检验检测人员养成良好的工作习惯。其主要包括五个方面：整理、整顿、清扫、清洁、素养。实验室的运作基础是 GB 27025《检测和校准实验室能力的通用要求》，而该标准中的

6.3设施和环境条件、6.4设备、8.3管理体系文件的控制等条款的实施可以应用5S管理方式。

　　在实验室现场引入5S管理的好处：第一，提升实验室形象，提高人员素养。执行5S管理，有助于改善实验室工作环境，提升实验室形象。通过全员参与创建，充分调动大家的积极性，共同营造一个整洁、有序的实验室环境。同时在推行5S管理的过程中，可培养实验室人员精益求精的工作态度，提高实验室人员的素质。第二，提高工作效率，保障实验安全有序进行。通过实施定置定位，可降低不必要的空间占有，减少寻找实验物品的时间。干净整齐的工作环境在一定程度上可使员工心情舒畅，乐于开展实验工作。第三，节约检验成本，提高检验水平。5S管理模式下，各种物品标识明确，可有效避免由于物品混淆不清、过效期使用而造成的检验偏差。对试剂、标准品等实施受控管理，按需发放、减少无控制和重复购置的浪费，节约了成本。加强仪器设备管理和维护，提高仪器设备使用的稳定性，减少配件更换，降低维修成本。

　　实验室施行5S管理的直观效果就是布局明朗，仪器设备、样品、化学试剂等整齐有序，隔离、警示等标识清晰醒目，文件资料一目了然，确保了实验室检验检测数据的可靠、准确、有效。

第二章
实验室组成要素与风险因素识别

实验室是进行试验的场所，对科技发展起着非常重要的作用。近年来随着实验室数量增加，实验产生的废水、固体废弃物、废气不断增加，事故不断增多，风险危害识别和潜在因素识别就显得尤为重要。

第一节 实验室组成要素

不同类型的实验室尽管运行管理等方面存在差异，但其组成要素主要是人员、设备、物料、方法、环境五方面。

一、人员

实验室工作人员应具有强烈的责任心，客观公正、坚持原则、了解相关法律法规、有一定的专业技术知识、熟悉产品生产过程和工艺、熟悉标准、具备较敏锐的判断力。实验室工作的人员及进入实验室的其他人员一般应满足以下条件。

1. 实验室工作人员

① 具备相应的专业、学历要求。

② 具有相应的专业技术职称或者同等能力。

③ 掌握与本实验室检测工作有关的法律、法规、标准和规定。

④ 接受过实验室认可的系统培训，能够了解认可的基本要求。

⑤ 有一定的组织能力、管理能力和业务能力。

⑥ 能够处理实验室工作中出现的技术和管理问题。

⑦ 能够对实验室日常管理和发展情况提出建议。

2. 进入实验室的其他人员

（1）进入实验室的学生

应掌握实验区域内相关安全基本情况，了解所从事实验的化学、物理、生物等方面的安全风险，接受相关实验室安全知识和制度、个人防护方法等内容的培训，了解意外事件和安全事故的应急处置原则和上报程序。

（2）其他进入实验室活动人员

遵守实验室安全相关规章制度，进入实验室的申请必须获得必要的批准，申请进入实验室并参与实验活动的人员必须具备相应的专业教育和工作经历，并按要求参加培训。

二、设备

1. 实验室对设备配置的要求

① 实验室应配备正确进行实验（包括样品处理、抽样、样品制备、数据处理与分析）所要求的所有实验设备。

② 用于检测、校准和抽样的设备及其软件应达到要求的准确度，并符合检测相应的规范要求。对结果有重要影响的仪器的关键量或值，应制定检定、校准计划。

2. 仪器设备的检定和校准

① 对检测结果有影响的设备的关键量或值应进行检定或校准。

② 设备在投入使用前应进行校准或检定，在每次使用前应进行核查。

③ 关键设备在维修后应进行检定或校准。

④ 注意：a. 曾经过载或处置不当、给出可疑结果，或已显示出缺陷、超出规定限度的设备，均应停止使用。这些设备应予隔离以防误用，或加贴标签、标记应清晰表明该设备已停用，直至修复并通过校准或检测表明能正常工作为止。实验室应核查这些缺陷或偏离规定极限对先前实验的影响。b. 当校准产生了一组修正因子时，实验室应有程序确保其所有备份（例如计算机软件中的备份）得到正确更新。c. 当需要利用期间核查以保持设备校准状态的可信度时，应按照规定的程序进行。

三、物料

1. 实验结果相关的物料

与实验结果相关的物料在进入实验室前应进行定量检验，并按照相应的规定做好记录工作。

（1）试药、试液、指示剂

① 试验用的药品，除另有规定外，均应根据实验室的规定，选用不同等级并符合国家标准或国务院有关行政主管部门规定的试剂标准。试液、缓冲液、指示剂与指示液、滴定液等，均应符合规定或按照规定制备。

② 应有接收试剂、试液、培养基的记录，必要时，应在试剂、试液、培养基的容器上标注接收日期。

（2）动物试验

动物试验所使用的动物及其管理应按国务院有关行政主管部门颁布的规定执行。动物品系、年龄、性别等应符合实验室要求。

2. 其他物料

一般对于辅料等简单验收，如外观、说明书、试剂使用的有效期是否合理，检查动物饲养、使用的资质，对动物供应商评估等。

四、方法

实验室所有方法均需确认，实验室方法确认是体现一所实验室是否达标的重要指标，使实验结果有更好的品质。

1. 方法的分类

（1）标准方法

主要是已发布的国际、区域、国家、行业、地方等标准（包括强制和推荐标准）、规程、规范等，包括抽样方法，标准方法经过验证后可以直接选用。

（2）非标方法

包括知名的技术组织或有关科学书刊公布的方法；设备制造商指定的方法；实验室制定的方法等，非标方法应进行确认后才可采用。

2. 方法的选择

实验室应采用满足客户需要并适用于所进行检测的方法，包括实验的方法，优先使用国际、国家、行业标准发布的方法，且确保使用标准的最新有效版本。若没有适用的标准方法，应按以下顺序选择经确认的非标方法：知名的技术组织或有关科学书刊公布的方法，设备制造商指定的方法，实验室制定的方法。

五、环境

1. 环境条件的配置

① 实验室设施，包括但不限于能源、照明和环境条件，应有利于实验室实验的正确实施。

② 实验室应确保其环境条件不会使结果无效，或对所要求的实验结果产生不良影响。在实验室固定设施以外的场所进行抽样、检测时，应予特别注意。对影响检测结果的设施和环境条件的技术要求应制定成文件。

③ 相关的规范、方法和程序有要求，或对结果的质量有影响时，实验室应监测、控制和记录环境条件。对诸如生物消毒、灰尘、电磁干扰、辐射、湿度、供电、温度、声级和震级等应予重视，使其适应于相关的技术活动。当环境条件危及到检测结果时，应停止检测。

④ 应将不相容活动的相邻区域进行有效隔离。应采取措施以防止交叉污染。

⑤ 应对影响检测质量区域的进入和使用加以控制。实验室应根据其特定情况确定控制的范围。

⑥ 应采取措施确保实验室的良好内务，必要时应制定专门的程序。

2. 环境条件的要求

（1）仪器对环境的要求

环境条件应满足使用仪器设备要求的环境条件，对于有特殊要求的设备应进行相应的环境配置。例如：分析天平要放置在干燥、无腐蚀性的实验室。

（2）样品对环境条件的要求

实验室的标准物质和试剂、消耗品等的储存不会对实验结果产生不良影响或使实验结果无效。

第二节　实验室主要危险有害因素

实验具有不可控因素，在实验过程中可能会突发安全事故，实验室存在很多危险和隐患，可分为化学、物理、生物等方面。

一、实验室潜在化学危害来源

实验室常见的化学危险来源主要基于能量或物质与人体的不当接触。

（一）危害的途径

（1）食入

若有害物质经由口腔食入，则会被口腔、鼻、喉咙和消化道黏膜所吸收，进而可能造成这些组织受到伤害和产生系统中毒。

（2）皮肤接触

实验室有毒物质可以气体、液体（如苯、有机溶剂、汞等）的形式扩散到实验室，被人体皮肤上的毛囊、皮脂腺、汗腺、皮肤外表皮以及皮肤割伤和擦伤的伤口吸收产生局部刺激、中毒等。

（3）呼吸道吸入

危险化学品以气状（气体、蒸气）、粒状（粉尘、雾滴、燻烟、气胶）的形式存在，经由口部黏膜、喉咙和肺部等吸收进入人体，可造成研究人员的中毒，或使人体内某些正常的细胞组织受到严重损伤。

（4）眼睛接触

眼睛非常敏感且易受刺激。化学品若接触到眼睛，常会造成眼睛灼伤等伤害，严重时甚至会导致失明。

（二）危害的来源

1. 爆炸和火灾

（1）爆炸

一些试剂的闪点很低，爆炸极限范围很大，有时就连开关电源产生的一个很小的电火花都能引起整个实验室的爆炸。旋转蒸发或加压蒸馏带有过氧化物的溶液的时候，整个蒸馏系统都有爆炸的危险。高压反应的管道堵塞、安全垫失灵等，都会引起物理性爆炸，释放出来的能量有时还会同时引发化学性爆炸。对于加热、生成气体的反应，若形成了封闭体系，反应过程压力过高将会引起爆炸；若反应前未注意检查仪器有无裂痕，实验时则可能因为仪器受到震动引起爆炸。以下着重介绍两种爆炸，需注意。

① 溶剂无水处理前未进行预处理引起的爆炸。对于低沸点的溶剂，如乙醚、正戊烷等，进行无水处理前一定要先用干燥剂预先干燥，然后再加入钠丝进行回流，并且加热不能过快、温度不能过高。因为，一旦溶剂里面的含水量过大，生成氢气很剧烈，溶剂极易冲出体系，当遇见明火或正在加热的电阻丝时，就会发生爆炸。对于醚类溶剂，如果生产时间较长，或者久置不用的话，一定不要震动，同时要加入还原剂，除掉生成的过氧化合物。

② 废液桶爆炸。废溶剂的处理，禁止将酸性液体和碱性液体、氧化性液体和还原性液体混装，这样非常危险。在实验室，废液桶爆炸事故发生过多次。

（2）火灾

很多试剂都是易燃的。有时不注意，接触到了电阻丝等，很容易引起火灾。有的实验药品本身易燃，比如白磷、碱金属单质、活性兰尼镍等等，储存不当的话，有自燃的可能。实验结束后，对这些易自燃物都要作适当处理，不可随意丢弃。特别是在无人留守的情况下，一旦出事，整个一栋实验楼都可能付之一炬。

选择正确的灭火方法。比如金属钠着火，用水或二氧化碳来灭火，反而使火势更猛，正确的方法是使用干沙覆盖。一些加热设备的温控系统是不稳定的，无论是接点温度计式还是热敏感应器式，都可能引发火灾。实验室无人超过半小时，烘箱、红外灯、油浴锅、电热炉等都要断电。

2. 急性或慢性中毒

有些化学试剂毒性极强，空气中少量的蒸气就可以使实验者急性或慢性中毒，比如苯、二硫化碳、硝基苯、氯仿等等。在使用这些试剂的时候，务必在通风橱中进行，这对自己和同室工作的人都是负责的。例如，水银（汞）在20℃时的蒸气压，是人体中毒剂量的100倍；水银气压计一定要有水封，还要用盛水的浅瓷碟托着；使用汞齐时，一定要采取合适的密封方法；如果水银温度计不慎打碎，要马上用滴管将其回收到小瓶里，然后水封，沾过水银的地方一定要用升华硫反复摩擦，然后水冲。

一些剧毒的药品，要有专人负责管理，使用时要格外注意，使用完毕，残留物要妥善处理。比如当用到氰化物时，接触过该药品的仪器，务必要在双氧水中煮5min以上，确保无残留。

3. 腐蚀或刺激性化学伤害

① 强碱、强酸、浓氨水、浓过氧化氢、氢氟酸、乙酸、三氟乙酸、苯酚和溴水可对皮肤产生刺激，操作不小心会发生化学伤害。

② 盐酸、硝酸、氢氟酸的蒸气对呼吸道黏膜及眼睛有强烈的刺激作用，可导致发炎溃疡。

③ 在压碎或研磨氢氧化钠、氢氧化钾或其他危险物时，小碎块或其他危险物质碎片可能溅散，会烧伤眼睛、面部或身体其他部位。

4. 致癌或慢性中毒的积蓄

与铅、汞、铍、镉等无机物长期接触能导致癌症，与苯、苯并［a］芘等稠环化合物、联苯胺、β-萘胺等长期接触会致癌。

长期接触汞及汞盐、氰化物（氰氢酸、氰化钾等）、硫化氢、砷化物、马钱子碱等药品，乙醚、氯仿等麻醉药品会在体内产生积蓄导致慢性中毒。

5. 实验物品的不规范放置

化学试剂存放要依据物质自身的物理性质和化学性质。降低或杜绝物质变性、自然损耗，方便试剂取用是化学试剂放置的总原则。但在实际工作中往往会因为试剂的不规范放置带来安全隐患。

氯酸盐、高锰酸盐都具有极强的氧化能力，在受热、撞击或混有还原性物质时常易发生爆炸，所以应存放在阴凉处且必须跟还原剂（如硫粉、镁粉、铝粉、锌粉、碳粉等）或可燃性物质分开，更不能撞击。

二、实验室潜在物理危害来源

1. 物理性伤害

（1）烫伤、烧伤

实验过程中接触煮沸的水、强酸、强碱等热源物质，容易发生烫伤。气相色谱仪的进样口、柱箱和检测器也是高温部件，在使用过程中可能发生烫伤。在超净台进行无菌操作时，若用酒精喷手进行消毒后，未等酒精全部挥发，就去拿实验器材，如果不小心接触到了酒精灯火焰，手上残留的酒精会被引燃，引起烧伤。在实验室操作时应注意。

（2）机械伤害

实验室涉及各种机械设备，如果这些设备的快速移动部件、摆动部件、啮合部件缺乏良好的防护设施，有可能伤及人员的手、脚、头发及其他身体部位；没有配备和正确穿戴必需的个人防护用品时，也可能造成机械伤害；使用实验设备时，未按规定的流程操作，也容易导致伤害。在实验室操作时应注意。

（3）物品坠落

实验室操作时如果物品发生坠落极易引起二次伤害，如试剂瓶坠落时出于本能伸手去接可能造成割伤、腐蚀及过敏。

2. 电离辐射伤害

实验室中各种仪器设备的使用，不可避免地引入了电离辐射。电离辐射在人体组织内释放能量，将导致细胞死亡或损伤。少量剂量长期照射可引起细胞畸变，这些非正常细胞有癌变的可能，导致癌症发病率增加。大剂量的照射将引起大范围的细胞死亡。电离辐射损害人体组织器官、腺体与造血功能，长期受到电离辐射，可能发生头晕、乏力、失眠，导致造血功能损害、内分泌失调、自主神经功能紊乱等。

3. 光源和照明

超净工作台安装的紫外线灯利用紫外线来实现杀菌消毒功能，它放射的紫外线能量较大，如果没有防护措施，极易对人体造成巨大伤害。如果裸露的肌肤被这类紫外线灯照射，轻者会出现红肿、疼痒、脱屑；重者甚至会引发癌变、皮肤肿瘤等。同时，它也是眼睛的"隐形杀手"，会引起结膜、角膜发炎，长期照射可能会导致白内障。紫外线辐射时会使空气中的氧气生成臭氧，产生浓烈的腥味，通过呼吸系统使人产生头晕、恶心等不良反应。

4. 噪声和震动

（1）噪声

随着现代分析技术的发展，大量仪器用于理化实验室检测。仪器的使用带来了实验技术的快速发展，保证了检测结果的快速性、准确性和灵敏性。但是某些设备如超声波清洗机、原子吸收仪、气相色谱仪、空气压缩机、LCMS/MS等在使用时会发出各种噪声，检验人员长期在噪声环境中工作，不仅听力会受损，而且神经系统、心血管系统、内分泌系统、消化系统以及视觉、智力等都会受到不同程度的影响。

（2）震动

实验室空压机须频繁启停，真空泵为维持真空度须持续长时间工作，离心机高速旋转不仅产生噪声污染，震动也非常严重。检验人员在这样的环境下工作容易心烦气躁、疲惫乏力。

三、实验室潜在生物危害来源

1. 生物因子危险源

实验室常见的生物因子种类包括细菌、真菌、病毒、衣原体、支原体等，可通过气溶胶、呼吸道、消化道、皮肤黏膜等途径传播疾病。

（1）实验微生物

① 实验涉及病毒或者细菌时，应注意操作安全，避免感染。如果是比较危险的病毒和微生物应该在安全级别更高的实验室进行操作，如流行性感冒病毒、麻疹病毒、肺结核病原菌（结核分枝杆菌）等。

② 一些受污染或盛过有害细菌、病菌的器皿和不要的菌种等器皿，一定要经消毒和高压灭菌处理，避免引起污染和扩散，如实验室废物未得到及时处理所产生的毒素（细菌内毒素、细菌外毒素、真菌毒素），这些毒素可能导致接触人员发烧、发冷、肺功能受损等。

③ 涉及植物、动物、微生物的基因工程技术，可能会扩大微生物的宿主范围或改变微生物对于已知有效治疗方案的敏感性。

（2）气溶胶

存在于实验室的气溶胶可能有存活的细菌、病毒以及致敏花粉、霉菌孢子、蕨类孢子和寄生虫卵等，生物气溶胶会导致感染性疾病、急性中毒、过敏、甚至癌症等，工作时与这些病源接触的人员面临偶然性自动接种、空气的吸入以及皮肤或黏膜暴露于传染性物质的危险，并且当病原微生物形成大量气溶胶的潜力较大时，会增加人员感染的危险。

通过气溶胶传播的，能使人留下严重或致命的后遗症的内源性或外源性病源极易向室外传播，可能会导致一些地区疾病的流行和暴发。

2. 咬伤或锐器损伤

医学研究中，很多重要的研究成果均来自于实验动物，科研工作者有相当多的时间和实验动物打交道，诸如大鼠、小鼠、兔子、羊、猪，甚至猴子等等，在实验过程中极易被咬伤或锐器损伤。

（1）实验动物咬伤

在医学研究的过程中对实验动物的饲养、实验和处理过程都存在着一定的安全隐患，操作不当就会被动物抓伤或者咬伤，有时候还会引起严重的后果。1987年3月美国佛罗里达州发生过一起群体感染B病毒的事件，其原因就是一位工作人员被一只感染了B病毒的猴子咬伤。

（2）锐器损伤

实验室锐器损伤主要来自于各种注射针头、穿刺针、缝合针等针具，各类医用或检测用锐器、载玻片、玻璃仪器、安瓿瓶、实验器材等的伤害。至少20多种病原体可以通过锐器刺伤感染实验人员，其中最常见的是HBV、HCV、HIV❶、淋病、梅毒、疟疾、狂犬病毒等。

3. 基因扩散危险

（1）转基因微生物（GMO）会合成出"超级病菌"，危害人类健康

在转基因过程中，GMO的标记基因是抗生素抗性基因。如今，在转基因作物中有几种是用卡那霉素抗性基因作为标记基因的，这种基因只要有单一突变就可产生氨基丁卡那霉素抗性，而氨基丁卡那霉素被认为是人类医药中的"保留"或"急救"抗生素，是国际医药界储备的应急"救危"药物，而现在却为GMO捷足先登，并滥用于多种GMO作为标记基因，广泛在环境中释放，在各种动物机体内产生抗性。这对人类是灾难性的，很可能今后病人一旦患病将无药可用。

（2）转基因生物的扩散会威胁生物的多样性

1998年加拿大西部发现一种canola油菜，它因"基因污染"而含有抗草甘膦、抗固杂草（草胺膦）、抗咪唑啉类除草剂三种转基因堆积而成的"广谱抗除草剂基因"（HT基因）。这种基因的产生是不同耐除草剂转基因品种间基因多重变流而自身变异的结果。类似的这种转基因生物可以与动物、植物、微生物，甚至人发生基因相互转移。转基因生物具有自然生物所不具备的优势，若扩散到环境中，可造成旧有生物多样性的变化，改变物种间竞争关系，破坏原有的生态平衡。

（3）毒性基因通过基因漂移而造成基因污染

2002年英国研究称，某些人在食用转基因大豆（抗除草剂基因）制成的汉堡后，排出的粪便中仍然含有转基因DNA成分。这表明抗除草剂基因可存在于肠道细菌内并没有被完全消化。一旦这种具有某种抗性的基因移至人体细胞内，

---

❶ HBV：乙型肝炎病毒。HCV：丙型肝炎病毒。HIV：艾滋病病毒。

则可能在其作用下合成毒性蛋白。

四、实验室废弃物危害

（一）废气的危害

1. 对人体的危害

（1）对呼吸系统的危害

大部分有毒有害气体可通过呼吸器官进入人体，这是实验室有害气体侵入人体的主要方式，一些具有刺激性或致敏性的气体、烟雾和颗粒，可以引起急性呼吸道刺激炎症和过敏反应。

（2）对皮肤的危害

人的皮肤有许多毛细孔与人体内部相通，某些有害气体可以通过毛细孔侵入人体。在一定浓度和一定时间内接触这些有害气体，会引起接触性炎症病变，产生瘙痒和灼烧感，同时合并红斑、水肿、水疱甚至渗出糜烂现象。

（3）对神经系统的危害

一些有害气体能损伤中枢神经系统及周围神经系统。这些物质进入机体可能引起中枢神经系统的血管充血、痉挛以及神经细胞变性、软化和坏死等。

（4）其他危害

此外，废气对血液系统、消化系统、循环系统等都有不同程度的危害。

2. 对环境的影响

环境是实验能否顺利进行的重要因素之一，作为环境条件之一的空气质量，会影响实验的进行及结果，尤其是生物、食品、医药等行业对颗粒物净化度要求高的实验室。存在废气，轻则影响实验的进行或测量的结果，重则导致实验失败。

（二）废液的危害

1. 对人体的危害

有毒有害废液对人体的危害主要有以下几种类型：

① 过敏、引起刺激、缺氧、昏迷和麻醉、全身中毒、致癌、致畸、致突变、尘肺等。当某些废液和皮肤接触时，可导致皮肤保护层脱落，进而引起皮肤干燥、粗糙、疼痛，许多废液能引起皮炎；和眼部接触可导致轻微的伤害、暂时性的不适甚至重至永久性的伤残，伤害严重程度取决于中毒的剂量、采取急救措施的快慢。如：苯可损害神经系统、造血系统、慢性吸入可引起头痛、头昏、乏力、面色苍白、视力减退和平衡失调等，高浓度吸入能刺激鼻和喉甚至死亡；高浓度蒸气对眼睛具有轻度刺激并产生水疱；液体能溶解皮肤的皮脂使皮肤干燥，

产生轻度的灼伤感，甚至发生溃疡。氯化汞与皮肤和黏膜接触可发生溃疡，误服数分钟至数小时后，可有胃部烧灼感、恶心、呕吐、呕血、腹泻和便血，重症时可发生尿毒症，以至死亡。

② 废液中含有的重金属元素经食物链进入人体后，在相当一段时间内可能不表现出受害症状，但潜在的危害性极大。如 20 世纪 50 年代，日本熊本县水俣市发生了震惊世界的公害事件，当地许多居民都出现了运动失调、四肢麻木、疼痛等症状，还发生了畸胎，人们把它称为水俣病，而且这种病还能遗传给子女。经考察发现一家工厂排出的废水中含有甲基汞，使鱼类受到污染。人们长期食用含高浓度有机汞的鱼类，也就将汞摄入体内而引起中毒。1961 年日本北九州市爱知县和 1979 年我国台湾宇城都发生过食用被多氯联苯污染的米糠油导致的中毒事件，共有 1000 多人发生中毒。患者出现眼睑肿胀、指甲和巩膜色素沉着、皮肤发黑和痤疮样疹、恶心、呕吐和水肿等症状。中毒后生育的孩子都出现牙齿变形、智力发育不全和行为异常。

2. 对环境的危害

实验室产生的有毒有害物质若随意排放，不仅会使环境受到严重污染，而且会导致环境状况日益恶化。有害废液中的有害成分被土壤吸附可导致土壤成分和结构的改变及其生长植物的污染，以至无法耕种。例如，德国某冶金厂附近的土壤被有色冶炼渣污染，土壤生长的植物体内含锌量为一般植物的 20 倍～80 倍，铅为 80 倍～260 倍，铜为 30 倍～50 倍。

含有氮和磷的废液进入水体后会使封闭性湖泊、海湾富营养化，造成浮游藻类大量繁殖、水体透明度下降、溶解氧降低、水质发臭、出现"赤潮"。

英国科学家发现，长期生长在受污染水域中的大部分雄性鱼会变成两性鱼或雌性鱼；鸟类吃了含有杀虫剂的食物产卵减少，蛋壳变薄，很难孵出小鸟，一些鸟类甚至濒临灭绝；废液的随意排放，也会造成土壤板结和地下水污染，直接威胁人体健康和人类生存。氰化物等有害物质可严重污染江河湖泊，使水质恶化，对鱼类危害更甚，当水中氰化物浓度达到 0.5mg/L 时，在两小时内鱼类会死亡20％，一天内全部死亡。据报道 1984 年美国佛罗里达州地下水层被二氯乙烷严重污染；1984 年印度博帕尔农药厂甲基异氰酸酯污染事件造成 2000 人死亡；1986 年瑞士一家化工厂爆炸，大量有毒化合物流入莱茵河事件使百万尾鱼被毒死。

（三）固体废弃物危害

1. 对人体的危害

（1）生物毒性

危险废物除了能直接作用于人和动物引起机体损伤表现出急性毒性外，在水的作用下，会溶解释放出影响生物体的有害成分，产生浸出毒性。

（2）生物蓄积性

有些危险废物被人和动物体吸收时，会在生物体内富集，使其在生物体内的浓度超过它在环境中的浓度，而产生出对人体更大的危害。

（3）遗传变异性

有些毒性危险废物会引起脱氧核糖核酸或核糖核酸分子发生变化，产生致癌、致畸、致突变的严重影响。具有"三致"作用的有害物质种类较多，常见的有多环芳烃类、亚硝胺类、金属有机化合物、甲基汞、部分农药等。

2. 对环境的危害

（1）对水体的污染

固体废物随天然降水流入江、河、湖、海，污染地表水；危险废物中的有害物质随渗滤液渗入土壤，使地下水污染；若将危险废物直接排入江、河、湖、海，会造成更为严重的污染，且多为不可逆的。

（2）对大气的污染

固体废物本身蒸发、升华及有机废物被微生物分解而释放出的有害气体会直接污染大气；危险废物中的细颗粒、粉末随风飘逸，扩散到空气中，会造成大气粉尘污染；在危险废物不规范的运输、储存、利用及处置过程中，产生的有害气体、粉尘也会直接或间接排放到大气中污染环境。

（3）对土壤的污染

固体废物的粉尘、颗粒随风飘落在土壤表面，而后进入土壤中污染土壤；液体、半固态危险废物在储存过程中或抛弃后渗入土壤，均可能导致有害成分混入土壤中，继续迁移从而导致地下水污染或通过生物富集作用而进入食物链等。

第三节　实验室潜在其他危险因素

实验室用到的有毒有害、易燃易爆化学品是其固有安全隐患，是已知的，具有预见性的。还有一些危险因素是潜在的、不定的，会随着环境、天气、人员等改变而发生变化，这些危害是未知的、不可预知的。

一、实验室潜在危险因素——天灾

天灾主要指自然灾害。自然灾害是指由于自然异常变化造成的人员伤亡、财产损失、社会失稳、资源破坏等现象或一系列事件。我国常见的自然灾害种类繁多，影响正常实验主要自然灾害有：洪水、暴雨、高温、大风、雷电、雾霾、地震、滑坡、冰冻等。

① 雷雨天要拔掉一切设备的电源插头，以免雷击起火，伤人及损坏电器；开门、开窗可能导致雷电直击室内；门窗上的铁制长条状物品，可能会成为雷电的引导者；实验室大都存有易燃易爆试剂，一旦雷击，后果难以想象。

② 飓风不仅会造成居民的人员及财产损失，同样会对实验室样本、数据、设备，以及最重要的研究人员造成重创。2017 年 6 月到 9 月，飓风哈维致使阿兰萨斯港得克萨斯大学奥斯汀分校海洋科学研究所（MSI）渔业和海水养殖实验室损失了约三分之二的活鱼，加上一些其他损失，将他们的研究进度推回了好几个月，有些研究甚至可能相当于倒退好几年。

③ 地震、洪水、滑坡等自然灾害同样会对实验室造成不可挽回的灾难和损失，不仅如此，灾难中有毒试剂的泄漏，还可能造成次生灾害，威胁更多人的安全和健康。

我们不可能阻止自然灾害的发生，只能通过提前预防将危害降到最低，应定期进行实验室及其附属用房电路设施的检修、改造，增强抵御洪水、风暴等自然灾害的能力。

二、实验室潜在危险因素——不安全行为

实验过程中水电使用不当、对实验试剂性质不了解、实验过程不规范操作、对实验结果潜在危险没有预判、实验废弃物随意处置、放射物品保存不当、实验人员防护不到位等都可能引起灾害事件。这些事件均为人为因素，是由实验人员的不安全行为所引发的，可称之为事故灾难，是可以预防和避免的。

1. 实验操作不谨慎，不规范

（1）误操作事故

误取试剂：某实验人员在加药品时粗心大意，加上实验台药品杂乱无序、药品过多，原本欲加四氢呋喃，误将一瓶硝基甲烷当作四氢呋喃加到氢氧化钠中，导致发生爆炸，玻璃碎片将该实验人员及其同事的手臂割伤。

误连管路：2009 年 7 月 3 日，杭州某大学化学系，一位教师在实验过程中误将本应接入 307 室的一氧化碳气体接至 211 室输气管路，导致一位女博士中毒死亡。

（2）不按操作要求，吸取试剂不规范

2008 年 12 月 29 日，加州大学洛杉矶分校的一位女研究助理在实验时全身被大面积烧伤，虽经抢救 18 天仍不幸身亡。虽然引起此次事故的原因有很多，但直接导致起火的原因是注射器不符合要求，活塞滑出了针筒，导致易燃物泄漏

起火引燃衣服，最终酿成悲剧。

（3）泄漏试剂处理不规范

1995 年 4 月 5 日，香港某大学化学系，一位教授打翻一瓶试剂，没有及时清理，过后忘记处理并离开了实验室，于是泄漏的试剂慢慢挥发产生毒气，致使一研究生窒息死亡。

（4）用水不当

学生用旋转蒸发仪做浓缩实验，实验结束忘记关冷凝水，导致水漫实验室。

（5）用火不当

往酒精灯里加酒精时，酒精洒在外壁及实验台上未清理就急于点燃，会引起着火。

（6）实验进行过程中随意离开

某大学气相室采用的是系列进样，某次实验过程中整个上午操作人员都不在实验室，使得载气不纯造成爆炸。

实验室中也发生过烧瓶加热蒸馏，学生私自离开，致使烧瓶蒸干，温度过高温度计炸裂的事故。

进入实验室工作的人员，必须严格遵守实验室的规章制度，其他人员未经允许不得擅自进入实验区域和使用仪器。实验和仪器进行过程中不得离岗，必须离开时须委托他人看管。实验过程中，数据异常或设备故障，实验室人员及时停止使用并报备仪器负责人。实验结束离开时需要检查实验室的水、电、空调、仪器、气瓶和门窗等是否安全，关灯并锁好门窗后方可离开。

2. 仪器设备操作不当，违反操作规程

（1）违反操作规程

某实验室维修人员自行把一台 102G 型气相色谱仪的色谱柱卸下，而另一名化验员在不知情的情况下，开启氢气，通电后色谱仪柱箱发生爆炸，柱箱的前门飞到 2m 多远，已变形，柱箱内的加热丝、热电偶、风机等都损坏。化验员在开机前未检查气路，仪器维修人员对仪器进行改动后，未通知相关使用人员并挂牌，两人都没按规程操作，引发上述事故。

（2）安全检查不到位

某实验室分析人员调试新进的 3200 型原子吸收分光光度计，调试过程中发生爆炸，当场炸倒 3 人，其中 2 人轻伤，一块长约 0.5cm 的碎玻璃片射入另 1 人眼内。分析人员在仪器使用过程中安全检查不到位，仪器内部用聚乙烯管连接易燃气乙炔，接头处漏气，导致此次事故。

（3）操作仪器疏忽大意

电热套加热过程中温度过高未发现，会使温度计炸裂；离心机忘盖内盖，会使离心管脱离，离心机烧坏；做高压反应实验时带压操作，在动阀门和螺钉时放空管未开启，可能使人被弹飞。这些都是疏忽大意引发的事故。

（4）实验仪器老化或不合要求

某实验室实验员萃取用的分液漏斗有一个裂痕，在手中刚一摇晃，就炸开了，20％的KOH溶液喷了实验人员一脸，更可怕的是，溶液顺着桌面进入插座，引起电源短路，然后引发火灾。

实验前必须充分熟悉实验内容、方法，严格按照作业指导书操作。使用设备仪器时应严格遵守相应的设备操作规程，避免违规操作引起意外发生。当从平板电炉上、烘箱或马弗炉中拿取容器时应确保戴好绝热手套，防止烫伤。加热溶液时，应保持一定的安全距离，并放置隔热装置，以免蒸汽烫伤或灼伤。电子仪器只有在具有良好防护的情况下才可使用。电源插座应放置在适当的位置，以避免溅到液体。

3. 人员防护不到位

（1）**不穿防护用具**

① 2011年9月2日，上海某大学两名研究生在做化学实验时，不慎遭遇爆炸受伤，原因是在做氧化反应实验时，添加双氧水、乙醇等速度太快，未按规定要求拉下通风橱，未穿戴个体防护装备。

② 2016年9月21日，上海某大学三名研究生进行氧化石墨烯实验，在明知有爆炸危险的情况下未穿防护服、未戴防护镜，因操作不规范，取样未称量，最终导致爆炸，该事故造成一人双目失明，一人有失明可能，一人轻伤。

③ 2008年12月29日，加州大学洛杉矶分校的化学实验室火灾事故中，某研究助理未穿实验服，同时穿了具有固体石油之称的聚酯纤维材料做成的上衣，被严重烧伤。

④ 2008年，上海有机所某博士生在使用过氧乙酸时，没戴防护眼镜，结果过氧乙酸溅到眼睛，致使双眼受伤。同年，另一个博士生在使用三乙基铝时，由于没有戴防护手套，化学物品粘在手上也没有用清水冲洗，结果左手皮肤被严重腐蚀。

（2）**违反操作安全要求**

2011年4月12日，耶鲁大学一名女生晚上在实验室内操作机器时死亡，原因是未按要求将长发束起并戴安全帽，致使头发被木材加工机器绞住而窒息。

进入实验区域或在实验区意外接触化学品时，必须穿工作服、工作鞋，佩戴防护设备（手套、眼镜、口罩或防毒面具等），不允许披发。

4. 将食物带进实验室

（1）**在存放化学试剂的冰箱存放食物**

某大学一工作人员，误将冰箱中含苯胺的试剂当酸梅汤喝了引起中毒，原因是冰箱中曾存放过工作人员饮用的酸梅汤，实验人员违反操作规程，将食物带进实验室。

（2）用矿泉水瓶盛放试剂

某实验人员进入分析室后，看桌上放有矿泉水，拿起就喝，结果里面是刚取回的二甲苯，导致中毒。

（3）用实验室的烘箱等加热设备加热食品

某实验人员在实验室用鼓风干燥箱烤馒头，半年后患胃癌去世了。

实验室不允许饮、食，不允许储存食品、饮料等。只要是将食物带入实验室，就存在着极大的安全隐患。

5. 废液处理不当

（1）对废液性质不了解

某实验人员把双氧水以及一些碱性溶液、有机溶液、无机溶液等混合在一个玻璃废液桶里，并拧紧了盖子，然后玻璃瓶发生爆炸。

（2）不按指定标签桶存放废液

某实验人员未注意废液瓶上的标签，错将含浓硫酸的试剂倒入硝酸钠、氢氧化钠等回收液瓶内，瞬间发热冒出大量棕色烟雾，幸好及时处理，未造成大的伤害。

处理废液一定要清楚废液性质，严格按规范分类存放，且废液要专人管理，科学处理。

三、实验室潜在危险因素——不安全环境

目前国内实验室安全管理现状不容乐观，整体环境使得实验室潜在不安全因素增加。

主观上：实验室人员安全意识淡薄，安全教育缺失，对实验人员的安全培训流于形式；实验操作人员专业安全知识缺乏，有时违反操作规程，对有危险的实验不作相应防护，麻痹大意，缺乏对事故的敬畏心。

客观上：安全投入不足。实验室、药品储藏室使用面积达不到要求，尤其是高校实验室，扩招后学生人数大幅增加，无法满足实验安全空间需求，实验试剂摆放混乱拥挤，加之许多实验设备老旧、线路老化，导致安全隐患；防护用具、通风设备、喷淋设施等配备不齐，可能致使小事故变成大灾难；资金投入不足，大部分实验室的资金都用来买设备、试剂等，很少能投入到实验室安全。

制度上：实验室安全制度不健全，危险化学品安全监管体制不完善，安全管理法律法规不健全，实验室安全管理架构不明、权责不分等使得好多行为无法可依，无规可依，成为实验室的一大安全隐患。当然，近些年国家也出台或颁布了

一些针对实验室安全的规章制度和标准，对实验人员的健康安全，化学药品、生物制品的使用、储存和运输，废弃物的排放都起到了很好的指导和约束作用。

管理上：许多实验室的墙壁上都会贴有"实验室管理制度"或"实验室安全管理制度"，但多流于形式，最终成为样子货，很少有人讲解这些制度以及发生危险时如何撤离实验室。实验室定期要进行安全检查，对不同实验室根据实际情况作出风险评估，但一些实验室安全的检查变成了走过场。实验室管理人员消极怠工，缺乏对设备的维护、对实验室的安全管理，甚至有的实验室只有实验人员，而没有专门的实验室管理人员。提高实验室的管理水平，可有效减少实验室事故。

应急处理上：实验室安全一直强调以预防为主，但各实验室普遍缺乏应急预案，也没有应急演练，应急设备不齐全。2015年天津滨海新区爆炸事故从公司到消防都表现出对危险化学品事故应急处置能力不足，没有相应的预案、灭火装备和物资，消防队员也缺乏专业训练，使得多名消防救援人员牺牲。

四、实验室潜在危险因素—— 信息风险

随着现代科技的发展，信息化、网络化、智能化的手段与技术也逐渐应用于各实验室，合理使用这些现代信息手段可以减轻实验人员的工作量，让实验操作简单易行。但一旦使用不当，就可能引发实验数据丢失、被盗，造成巨大损失。

① 实验数据被黑客攻击面临泄露危险。随着电子技术以及互联网应用的普及，互联网的安全问题也日益凸显。恶意程序、各类钓鱼、欺诈、黑客攻击和大规模信息泄露事件频发。大数据时代，如何保护实验室信息安全也成了我们的一个新的命题。

LabCorp是美国最大的独立医学实验室之一，拥有着数百万客户的记录。自述每年为超过1.15亿名患者提供诊断、药物开发和技术解决方案。每周测试的患者血液样本通常都超过250万个，并支持大约100个国家的临床试验活动。2018年7月14日，LabCorp在自己的信息技术网络上发现了可疑活动，LabCorp立即对部分系统进行了离线处理，但坚称没有证据表明数据遭到了未经授权的转移以及滥用。以其实验室的信息和数据量之大，如果真的发生数据泄露，那么受影响患者的数量可能是空前惊人的。

② 实验室人员为了利益或某些其他原因盗取实验信息。目前发生过研究生助手窃取教授研究成果的，也有为了商业利益盗取实验室研究数据或监测数据的。不管出于什么目的，都会给实验带来不可估量的损失，我们应制定严格的制度来避免不良事件的发生。

③ 实验数据及人员的日常管理不到位加大了信息泄露的风险。实验室内的实验样本、检测报告、检测数据、客户信息以及其他相关资料都应有专人、专柜、专室保管，实验室保存数据的电脑不得联网，不得随意用移动硬盘拷贝数

据，与实验无关人员不得随意进入实验室，实验室人员也不得随意带外人进入实验室。近年来，就曾发生多起实验人员无意泄露实验数据的事故，比如用优盘拷贝数据致使实验数据泄露等。

第四节　实验室安全管理体系

实验室安全管理体系是在目前的实验室安全制度和措施的基础上发展起来的系统化实验室安全管理方法。与传统的安全管理制度相比，实验室安全管理体系具有系统性、全面性和回溯性的特点。检验实验室安全管理体系的文件系统主要由安全手册、安全管理制度、操作规程和记录文件组成。

其中，安全管理制度应包括以下内容：安全人员管理及责任追究制度、实验室安全风险点评估制度、实验室安全风险预防制度、实验室安全会议制度、实验室安全顾问制度、实验室安全监督制度、实验室安全检查制度、实验室安全应急预案制度和实验室安全培训制度。

一、实验室安全管理法规

1.《教育部办公厅关于进一步加强高校教学实验室安全检查工作的通知》

2018 年 12 月，北京某大学发生实验室爆炸事故，3 名研究生不幸遇难。高校教学实验安全工作直接关系广大师生的生命财产安全，关系学校和社会的安全稳定。为深刻吸取事故教训，有效防范类似事故发生，确保高校师生安全和校园稳定，教育部颁发了教高厅〔2019〕1 号，明确了高校教学实验室安全工作检查的要点。

（1）严查教学实验室安全管理体制机制建设与运行

高校教学实验室安全管理体制是明确安全职责的基本依据。要求严格按照"党政同责，一岗双责，齐抓共管，失职追责"和"管行业必须管安全，管业务必须管安全"的要求，构建由学校、二级单位、教学实验室组成的三级联动的教学实验室安全管理责任体系。要对照安全检查结果，完善安全管理体制，确保安全责任逐级落实到岗位、落实到人头、贯穿全部环节。

（2）严查教学实验室师生安全教育

广大师生的实验室安全意识和安全防护能力是教学实验室安全工作的关键。要求按照"全员、全程、全面"，开展面向师生的教学实验室安全相关法律法规和标准内容教育，通过案例式教学、规范性培训和定期的检查考核等方式，提高教学的针对性和实效性。

（3）严查教学实验室危险源监管体系建设与运行

加强对教学实验室危险源，特别是重大危险源的监管是确保师生安全的必然要求。要求对危险源，特别是重大危险源涉及的采购、运输、储存、使用和废弃物处置等环节的安全风险进行全时段、全方位管控，形成危险源安全风险分布档案和相应数据库。要对照安全检查结果，制定危险源分级分类处置方案，对排查出的安全隐患要分级分类，做到底数清、情况明，通过挂牌、整改、销号的闭环管理，实现对安全隐患的逐项消除。

（4）严查教学实验室安全设施配置与保障体系建设

必要的物质和人员、条件等保障体系是教学实验室安全的基本要素。要确保必要的安全防范设施和装备齐全有效，配齐配强教学实验室安全队伍，切实保证教学实验室安全经费投入，建设全校统一的教学实验室安全管理信息化系统，施行学校教学实验室安全工作年度报告制度等。

（5）严查教学实验室安全应急能力建设

高校要统筹制定教学实验室安全应急预案，坚持动态调整完善，做到"横向到边、纵向到底、不留死角"；要建立健全应急演练制度，不断提高现场救援时效和实战处置能力；要切实做好应急人员、物资和经费的保障工作，确保突发事件预防、现场控制等工作的及时开展。要对照安全检查结果，充分吸取经验教训，不断完善应急预案，建立健全应急管理机制，定期开展应急演练，确保能应急、有实效。

2. 教育部关于印发《教育部重点实验室建设与运行管理办法》和《教育部重点实验室评估规则（2015 年修订）》的通知

为加快实施国家创新驱动发展战略，深化科技体制改革，推动高等教育事业发展，规范和加强教育部重点实验室建设与运行管理，教育部颁发了教技（2015）3 号文，分别从管理职责、立项与建设、运行与管理、考核评估与调整四个方面进行了相关规定，从源头上对实验室安全进行把控。

条文中明确提出高等学校应当重视实验室的建设与发展，成立由主要负责人牵头，科技、人事、学科、财务、资产等部门参加的实验室建设和运行管理委员会。

实验室实行高等学校领导下的主任负责制。实验室主任负责实验室的全面工作，并设立专职副主任和专职秘书。

实验室应建立健全各项规章制度，严格遵守国家有关保密规定。加强实验室信息化建设，建立内部管理信息系统和实验室网站，将其纳入学校信息化工作统筹管理，并保持安全运行。

3.《化学化工实验室安全管理规范》（T/CCSAS 005—2019）

该标准由中国化学品安全协会按照《中国化学品安全协会团体标准管理办法（试行）》要求批准发布，自 2020 年 2 月 1 日起实施，目的在于引导化学化工实验室建立规范完善的安全管理体系，指导化学化工实验室正确开展安全管理工作，降低实验室安全事故发生率。标准中制定了化学化工实验室安全管理规范，包括人员管理、化学品管理、仪器/设备管理、设施管理、环境管理、安全风险辨识评估与管控、应急管理等内容，为化学化工实验室监理规范的安全管理体系提供依据，通过危害辨识和风险评估，进行事前预防和控制，提升化学化工实验室本质安全管理水平，防范实验室安全事故。其在现行国家有关法律法规、部门规章和标准的基础上，借鉴了国外先进的化学化工实验室安全管理经验以及相关的管理体系。

4.《病原微生物实验室生物安全管理条例》

《病原微生物实验室生物安全管理条例》是为加强病原微生物实验室生物安全管理，保护实验室工作人员和公众的健康制定。2004 年 11 月 12 日中华人民共和国国务院令第 424 号公布并施行。根据 2016 年 2 月 6 日《国务院关于修改部分行政法规的决定》第一次修订。根据 2018 年 3 月 19 日《国务院关于修改和废止部分行政法规的决定》第二次修订。

该条例包括总则、病原微生物的分类和管理、实验室的设立与管理、实验室感染控制、监督管理、法律责任、附则，共七章七十二条内容。

二、实验室安全行为

1. 个人防护设备的使用

穿戴顺序：

第一步：清洗双手

第二步：佩戴口罩

第三步：戴护眼罩

第四步：戴保护帽

第五步：穿工作服

第六步：穿鞋套

第七步：戴手套

脱顺序：

第一步：脱鞋套

第二步：脱手套

第三步：脱工作服

第四步：清洗双手

第五步：脱保护帽

第六步：脱护眼罩

第七步：脱口罩

2. 实验室工作阶段

① 进入实验室要戴防护眼镜、穿长袖实验服、穿长裤、穿不露脚面的鞋，操作实验时带防护手套，手上禁止带饰品，不可以梳披肩发。

② 禁止带手机等与实验无关的物品进入实验室，实验室内不得接打电话。

③ 实验室内严禁吃东西、喝水、吸烟、打闹和急走，禁止一切非工作目的跨区活动，以免妨碍和分散他人的注意力。

④ 保持实验室整洁、卫生，实验室地面、操作台面、实验所用的仪器、器械等应保持清洁、干净，不得在实验室内乱丢杂物。

⑤ 在实验台上不摆放暂时与实验无关的药品（尤其是危险性物质），所有试剂、溶剂等实验药品必须分类定点摆放整齐。

⑥ 实验时应集中注意力，在实验的全过程中都应保持高度的谨慎与责任感。严禁在实验进行时不加看管，甚至擅自离开实验现场。

⑦ 用过的玻璃仪器应及时清洗、晾干，公用试剂应及时放回公用试剂柜，以便他人使用。

⑧ 仪器使用严格遵守操作规程，爱护实验仪器设备，使用不熟悉的仪器一定要向主管人员请教，贵重仪器专人操作，未经培训不得操作，发现故障或有损坏立即报告，不得擅自动手检修。

⑨ 实验室水槽禁止排放具有异味、腐蚀、剧毒和有机物等有危害性物质，实验产生的所有废弃物应根据其性质分类处置，或倒入垃圾桶或倒入废液桶内。

⑩ 及时、如实报告一切发生的事故。

3. 离开实验室时

① 实验操作完毕，实验台面必须清理干净，玻璃仪器刷洗干净，公用物品放回原处。

② 必须关闭所用仪器的水源、电源开关、加热装置、压缩气体装置等。

③ 实验室内一切物品，未经批准，严禁带出实验室。

三、实验室安全文化

（一）实验室安全文化内涵

1. 安全文化

文化是"根植于内心的修养，无需提醒的自觉，以约束为前提的自由，为别人着想的善良。"安全文化是安全管理发展的产物，是人类保护身心健康的需求，主要包含安全物质文化、安全制度文化、安全精神文化和安全文化教育四个方面。

2. 实验室安全文化

实验室安全文化是在实验室安全管理实践中，经过长期积淀、不断总结完善形成的由决策层倡导、为全体员工所认同，并与公司或学校文化有机融合的安全价值观、安全理念和行为准则。

实验室安全文化的根本任务是使实验室安全成为员工的自主需求，变服从管理为自主管理，以不断提升实验室学术水平和管理水平。

（二）实验室安全文化的特性

1. 互动性

实验室安全文化是大家共同创造的。领导者的理念、意识和行为对员工、师生的影响也是不可低估的，对实验室安全文化建设的作用是巨大的。

2. 渗透性

实验室安全文化，像和煦的春风一样，飘散在实验室的各个角落，渗透在员工、教师、学生的观念、言行、举止之中，渗透在他们的教学、科研、读书、做事的态度和情感中。

3. 传承性

室风、教风、学风、传统、思维方式的形成，不是一代人，而是几代人或数代人自觉或不自觉地缔造的，而且代代相传，相沿成习。一种实验室安全文化，一经形成之后，往往能够传承下去。

（三）构建实验室安全文化的策略

1. 以人为本

构建实验室安全文化应高扬以人为本的旗帜，彰显人的尊严与价值，营造一个人人重视安全文化的氛围，形成以共同的价值观念、价值判断和价值取向为核心的实验室安全文化。

让安全成为习惯，让习惯更安全。

2. 形式多样

（1）活动方式多样

构建实验室安全文化应利用多种渠道、多种形式倡导实验室安全文化，增强安全意识。可通过开展系列安全文化活动如教材发放、安全讲座、规范宣传、逃生演习、安全评比、图片展览、报刊广播、摄影（微电影）比赛、知识竞赛、问卷调查等形式学习和掌握安全知识，潜移默化地增强实验室工作人员的安全意识。也可采用简洁生动、充满乐趣的安全画面、言语、故事乃至诗歌形式宣传与分享安全理念，并开放交流实验室存在的各种问题，真正做到科学研究中贯穿安全意识、安全保障下收获品质科研。

（2）载体多样

① 文学艺术载体。包括安全文艺、安全漫画、安全文学。

② 教育培训载体。包括安全三级教育、全员安全教育、家属安全教育、特种作业培训、管理人员资格认证、火险应急训练、灭火技能演习、火灾逃生演习、爆炸应急演习、泄漏应急演习等。

③ 文化活动载体。包括安全知识竞赛活动、安全演讲比赛、现场安全汇报会、安全庆功会、安全祝贺活动、亲情寄语活动等。

④ 环境物态载体。包括安全宣教室、现场安全板报、事故图片展板、安全礼品、安全格言、现场亲情展板、安全标志等。

第三章
实验室危险品风险控制

第一节　实验室危险化学品风险控制

　　化学品是指各种元素和或由元素组成的化合物及其混合物，无论天然的或人造的。据报道，世界上已知的化学品多达 1000 万种，常用的化学品已超过 8 万种，而且每年仍有 1000 余种新的化学品问世。而这些化学品中有相当一部分是易燃易爆、有毒有害、有腐蚀性或放射性的危险品。实验室中不乏危险化学品，其安全管理尤为重要。

一、危险化学品的分类

　　危险化学品是指具有毒害、腐蚀、爆炸、燃烧、助燃等性质，对人体、设施、环境具有危害的剧毒化学品和其他化学品。其分类是根据某一化学品（化合物、混合物或单质）的理化性质、燃爆性、毒性、对环境影响的数据，以确定其是否为危险化学品，并进行危险性分类。危险化学品的分类是危险化学品安全管理的基础。

　　目前，我国的危险化学品分类的主要依据是《化学品分类和危险性公示 通则》（GB 13690—2009）和《危险货物分类和品名编号》（GB 6944—2012）。

1. 基于《化学品分类和危险性公示 通则》分类标准

　　《化学品分类和危险性公示 通则》将危险化学品 3 类：理化危险、健康危险和环境危险。其中理化危险类包括：爆炸物、易燃气体、易燃气溶胶、氧化性气体、压力下气体、易燃液体、易燃固体、自反应物质或混合物、自燃液体、自燃固体、自热物质和混合物、遇水放出易燃气体的物质或混合物、氧化性液体、氧化性固体、有机过氧化物、金属腐蚀剂。

2. 基于《危险货物分类和品名编号》分类标准

《危险货物分类和品名编号》将危险化学品按危险货物具有的危险性或最主要的危险性分为 9 个类别，其象形图部分样例见图 3-1～图 3-9。

第 1 类　爆炸品：有整体爆炸危险的物质和物品；有迸射危险，但无整体爆炸危险的物质和物品；有燃烧危险并有局部迸射危险或这两种危险都有，但无整体爆炸危险的物质和物品；不呈现重大危险的物质和物品；无整体爆炸危险的极端不敏感物品。

第 2 类　气体：易燃气体；非易燃无毒的窒息性或氧化性气体；毒性气体。

第 3 类　易燃液体。

第 4 类　易燃固体、易于自燃的物质、遇水放出易燃气体的物质：易燃固体，自反应物质和固态退敏爆炸品；易于自燃的物质；遇水放出易燃气体的物质。

第 5 类　氧化性物质和有机过氧化物。

第 6 类　毒性物质和感染性物质。

第 7 类　放射性物质。

第 8 类　腐蚀性物质。

第 9 类　杂项危险物质和物品，包括危害环境物质。

图 3-1　爆炸品（整体爆炸危险）

图 3-2　易燃气体

图 3-3　易燃液体

图 3-4　易燃固体

图 3-5　自热物质

图 3-6　氧化性物质

图 3-7　有机过氧化物

图 3-8　急性毒性

图 3-9　腐蚀品

二、危险化学品的危险特性

（一）理化危险

1. 爆炸物

爆炸物（或混合物）是这样一种固态或液态物质（或物质的混合物），其本身能够通过化学反应产生气体，而产生气体的温度、压力和速度能对周围环境造成破坏。其中也包括发火物质，即便它们不放出气体。

爆炸物种类包括：爆炸性物质和混合物；爆炸性物品（不包括下述装置：其中所含爆炸性物质或混合物由于其数量或特性，在意外或偶然点燃或引爆后，不会由于迸射、发火、冒烟或巨响而在装置之处产生任何效应）及在上述中未提及的为产生实际爆炸或烟火效应而制造的物质、混合物和物品。

主要特性：

① 爆炸性强。爆炸物都具有化学不稳定性，在一定外因的作用下，能以快的速度发生剧烈的化学反应，产生大量的热量或气体在较短时间内无法逸散，致使周围温度迅速升高并产生巨大的压力而引起爆炸。

② 敏感度高。敏感度是指在外界能量的作用下，爆炸物质发生爆炸变化的难易程度。敏感度越高的物质越容易爆炸。

③ 殉爆。这是炸药所具有的特殊性质。当炸药爆炸时，能引起位于一定距离之内的炸药也发生爆炸，这种现象称为殉爆。殉爆的主要原因是冲击波的传播作用，距离越近冲击波强度越大，越易引起殉爆。因此在储存爆炸性物质时应保持一定距离，以避免发生殉爆。

2. 易燃气体

易燃气体是在 20℃和 101.3kPa 标准压力下，与空气有易燃范围的气体。

主要特性：

① 易燃烧爆炸。有些气体的爆炸范围比较大，如氢气、一氧化碳的爆炸极限的范围分别为 4.1%～74.2%、12.5%～74%。这类物品由于充装容器为压力容器，受热、受到撞击或剧烈震动时，容器内压力急剧增大，易致使容器破裂，物质泄漏、爆炸等。

② 易扩散。压缩气体和液化气体非常容易扩散。比空气轻的气体在空气中可以无限制地扩散，易与空气形成爆炸性混合物；比空气重的气体扩散后，往往聚集在地表、沟渠、隧道、厂房死角等处，长时间不散，遇着火源即可能发生燃烧或爆炸。

③ 易膨胀。压缩气体一般是通过加压降温后储存在密闭的容器中，如钢瓶等。受到光照或受热后，气体易膨胀产生较大的压力，当压力超过容器的耐压强

度时就会造成爆炸事故。

④ 有腐蚀毒害性。主要是一些含氢元素、硫元素的气体具有腐蚀作用。如氢气、氨气、硫化氢等都能腐蚀设备，严重时可导致设备裂缝、漏气。对这类气体的容器，要采取一定的防腐措施，要定期检验其耐压强度，以防万一。

3. 压力下气体

压力下气体是指高压气体在压力等于或大于 200kPa（表压）下装入储器的气体，或是液化气体或冷冻液化气体。

气体具有以下特性：

① 可压缩性。一定量的气体在温度不变时，所加的压力越大其体积就会变得越小，若继续加压气体将会压缩成液态，这就是气体的可压缩性。

② 膨胀性。气体在光照或受热后，温度升高，分子间的热运动加剧，体积增大，若在一定容器内，气体受热的温度越高，其膨胀后形成的压力就越大，这就是气体受热的膨胀性。

正是由于上述两种特性和自身的物质特点，压缩气体和液化气体通常具有爆炸、易燃、毒害、窒息等危险性。

4. 易燃气溶胶

气溶胶是指气溶胶喷雾罐（系任何不可重新灌装的容器，该容器由金属、玻璃或塑料制成）内装强制压缩、液化或溶解的气体（包含或不包含液体、膏剂或粉末），并配有释放装置，可使所装物质喷射出来，形成在气体中悬浮的固态或液态微粒或形成泡沫、膏剂或粉末或处于液态或气态。如果气溶胶含有任何按《全球化学品统一分类和标签制度》（GHS）分类为易燃的成分，该气溶胶应考虑分类为易燃气溶胶。易燃成分不包括自燃、自热物质或遇水反应物质，因为这些成分从来不用作气溶胶内装物。易燃气溶胶根据其成分的化学燃烧热，如适用时根据其成分的泡沫试验（对泡沫气溶胶），以及点燃距离试验和封闭空间试验（对喷雾气溶胶）的结果，分为易燃气溶胶和极易燃烧的气溶胶两个类别。

5. 易燃液体

易燃液体是指闪点不高于93℃的液体。主要特性如下：

① 高度易燃性。由于易燃液体的闪电低，其燃点也低（一般约高于闪点1～5℃），因此易燃液体接触火源极易着火并持续燃烧。

② 易挥发。易燃液体的沸点一般都很低，很容易挥发出易燃蒸气，其挥发的蒸气在空气中达到一定的浓度后遇火源燃烧爆炸。

③ 受热膨胀性。易燃液体的膨胀系数比较大，受热后体积容易膨胀，同时蒸气压也随之升高，从而使密封容器中内部压力增大，造成"鼓桶"，甚至爆裂，在容器爆裂时会产生火花而引起燃烧爆炸。因此，易燃液体应避热存放，灌装时容器内应留有5%以上的空隙，不可灌满。

④ 易流动。易燃液体的黏度一般都很小，流动扩散性都比较大，一旦燃烧，有蔓延和扩大火灾的危险。易燃液体在储存或运输过程中，若出现跑冒滴漏现象，挥发出的蒸气或流出的液体会很快向四周扩散，与空气形成爆炸混合物，增加了燃烧爆炸危险性。

⑤ 毒害性。易燃液体大多本身（或蒸气）具有毒害性，对人体有毒害性作用。应注意劳动防护。

⑥ 带电性。大部分易燃液体为非极性物质，在管道、储罐、槽车等的输送、灌装、搅拌、高速流动等过程中，由于摩擦容易产生静电，积聚到一定程度，会产生静电火花，有引燃和爆炸的危险。

6. 易燃固体

易燃固体是容易燃烧或通过摩擦可能引燃或助燃的固体。易于燃烧的固体为粉状、颗粒状或糊状物质，它们与火源短暂接触即可点燃，在火焰迅速蔓延的情况下，也非常危险。

主要特性：

① 易点燃。易燃固体常温下是固态，但着火点都比较低，一般都在300℃以下。

② 遇酸、氧化剂易燃易爆。绝大多数易燃固体与酸、氧化剂接触，尤其是与强氧化剂接触时，能够立即引起着火或爆炸。

③ 本身或燃烧产物有毒。很多易燃固体本身具有毒害性，或燃烧后产生有毒的物质。

④ 自燃性。一些易燃固体的自燃点也较低，当温度达到自燃点，在积热不散时，即使没有火源也能引起燃烧。

7. 自反应物质或混合物

自反应物质或混合物是即便没有氧（空气）也容易发生激烈放热分解的热不稳定液态或固态物质或者混合物。本定义不包括根据统一分类制度分类为爆炸物、有机过氧化物或氧化物质的物质和混合物。主要特性为化学不稳定性、部分具有爆炸性。

8. 自燃液体、自燃固体

自燃液体是即使量小也能在与空气接触后5min之内引燃的液体。自燃固体是即使量小也能在与空气接触后5min之内引燃的固体。

主要特性：

① 易氧化。一般来讲，自燃的发生是由于物质的自行发热和散热速度处于不平衡状态而使热量积蓄的结果，如果散热受到阻碍，当然就会促进自燃。其原因是自燃物质本身的化学性质非常活泼，具有很强的还原性，接触空气中的氧气能迅速作用，产生大量的热。

② 易分解。某些自燃物质的化学性质很不稳定，在空气中自行分解，积蓄的分解热也会引起自燃，如硝化纤维素等。

9. 自热物质和混合物

自热物质是发火液体或固体以外，与空气反应不需要能源供应就能够自己发热的固体或液体物质或混合物；这类物质或混合物与发火液体或固体不同，因为这类物质只有数量很大（公斤级）并经过长时间（几小时或几天）才会燃烧。

10. 遇水放出易燃气体的物质或混合物

遇水放出易燃气体的物质或混合物是通过与水作用，容易具有自燃性或放出危险数量的易燃气体的固态或液态物质或混合物。主要特性：遇水易燃；遇氧化剂、酸易爆炸。

11. 氧化性液体、氧化性固体

氧化性液体是本身未必燃烧，但通常因放出氧气可能引起或促使其他物质燃烧的液体。氧化性固体是本身也未必燃烧，但通常因放出氧气可能引起或促使其他物质燃烧的固体。

主要特性：强烈的氧化性；受热、撞击易分解；可燃；遇酸、水易溶。

12. 有机过氧化物

有机过氧化物是含有二价—O—O—结构的液态或固态有机物质，可以看作是一个或两个氢原子被有机基团取代的过氧化氢衍生物，也包括有机过氧化物（混合物）。有机过氧化物是热不稳定物质或混合物，容易放热自加速分解。主要特性：分解易爆炸；易燃；具有伤害性。

13. 金属腐蚀剂

腐蚀金属的物质或混合物是通过化学作用显著损坏或毁坏金属的物质或混合物。

主要特性：

① 腐蚀性。与人体、设备、建筑物、金属等发生化学反应，可使之腐蚀。

② 毒害性。在腐蚀性物质中，有一部分能挥发出有强烈腐蚀和毒害性的气体。

③ 放热性。有些腐蚀品，氧化性很强，在化学反应过程中会放出大量的热，容易引起燃烧。大多数腐蚀品遇水会放出大量的热，在操作中易使液体四溅灼伤人体。

（二）健康危险

1. 急性毒性

急性毒性是指在单剂量或在 24h 内多剂量口服，或皮肤接触一种物质，或吸入接触 4h 之后出现的有害效应。

2. 皮肤腐蚀/刺激

皮肤腐蚀是对皮肤造成不可逆损伤；即施用试验物质达到 4h 后，可观察到表皮和真皮坏死。

腐蚀反应的特征是溃疡、出血、有血的结痂，而且在观察期 14d 结束时，皮肤、完全脱发区域和结痂处由于漂白而褪色。应考虑通过组织病理学来评估可疑的病变。

皮肤刺激是施用试验物质达到 4h 后对皮肤造成可逆损伤。

3. 严重眼损伤/眼刺激

严重眼损伤是在眼前部表面施加试验物质之后，对眼部造成在施用 21d 内并不完全可逆的组织损伤，或严重的视觉物质衰退。

眼刺激是在眼前部表面施加试验物质之后，在眼部产生在施用 21d 内完全可逆的变化。

4. 呼吸或皮肤过敏

呼吸过敏物是吸入后会导致气管过敏反应的物质。皮肤过敏物是皮肤接触后会导致过敏反应的物质。过敏包括两个阶段：第一个阶段是某人因接触某种变应原而引起特定免疫记忆；第二阶段是引发，即某一致敏个人因接触某种变应原而产生细胞介导或抗体介导的过敏反应。

5. 生殖细胞致突变性

本危险类别涉及的主要是可能导致人类生殖细胞发生可传播给后代的突变的化学品。但是，在本危险类别内对物质和混合物进行分类时，也要考虑活体外致突变性/生殖毒性试验和哺乳动物活体内体细胞中的致突变性/生毒性试验。

6. 致癌性

致癌物是指可导致癌症或增加癌症发生率的化学物质或混合物。在实施良好的动物实验性研究中诱发良性和恶性肿瘤的物质也被认为是假定的或可疑的人类致癌物，除非有确凿证据显示该肿瘤形成机制不适用于人体。

7. 生殖毒性

生殖毒性包括对成年雄性和雌性性功能和生育能力的有害影响，以及在后代中的发育毒性。下面的定义是国际化学品安全方案/环境卫生标准第 225 号文件中给出的。

本标准中，生殖毒性细分为两个主要标题：

对性功能和生育能力的有害影响；

对后代发育的有害影响。

生殖毒性效应不能明确地归因于性功能和生育能力受损害或者发育毒性。尽管如此，具有这些效应的化学品将划为生殖有毒物并附加一般危险说明。

① 对性功能和生育能力的有害影响。化学品干扰生殖能力的任何效应，这可能包括（但不限于）对雌性和雄性生殖系统的改变，对青春期的开始，配子产生和输送、生殖周期正常状态、性行为、生育能力、分娩怀孕结果的有害影响，过早生殖衰老，或者对依赖生殖系统完整的其他功能的改变。对哺乳期的有害影响或通过哺乳期产生的有害影响也属于生殖毒性的范围，但为了分类目的，对这样的效应进行了单独处理。这是因为对化学品对哺乳期的有害影响最好进行专门分类，这样就可以为处于哺乳期的母亲提供有关这种效应的具体危险警告。

② 发育毒性的主要表现包括：发育中的生物体死亡；结构异常畸形；生长改变；功能缺陷。

8. 特异性靶器官系统毒性

（1）特异性靶器官系统毒性——一次接触

特异性靶器官系统毒性一次接触用以划分由于单次接触而产生特异性、非致命性靶器官/毒性的物质。所有可能损害机能的、可逆和不可逆的、即时的或延迟的并且在上述生物危险性中未具体论述的显著健康影响都包括在内。

（2）特异性靶器官系统毒性——反复接触

是指由于反复接触而产生特定靶器官/毒性的物质。所有可能损害机能的、可逆和不可逆的、即时的或延迟的显著健康影响都包括在内。

9. 吸入危险

"吸入"指液态或固态化学品通过口腔或鼻腔直接进入或者因呕吐间接进入气管和下呼吸系统。吸入毒性包括化学性肺炎、不同程度的肺损伤或吸入后死亡等严重急性效应。

注：本危险性我国还未转化成为国家标准。本条款的目的是对可能对人类造成吸入毒性危险的物质或混合物进行分类。

（三）环境污染危险性

危险化学品危害水生环境，主要有以下几个方面：急性水生毒性、潜在或实际的生物积累、有机化学品的降解（生物或非生物）、慢性水生毒性。

急性水生毒性是指物质对短期接触它的生物体造成伤害的固有性质。

生物积累是指物质以所有接触途径（即空气、水、沉积物、土壤和食物）在生物体内吸收、转化和排出的净结果。

降解是指有机分子分解为更小的分子，并最后分解为二氧化碳、水、盐。

慢性水生毒性是指物质在与生物体生命周期相关的接触期间对水生生物产生有害影响的潜在性质或实际性质。

三、危险化学品的储存安全

1. 储存方式

危险化学品的储存必须具备适合储存方式的设施。按照《常用化学危险品贮存通则》（GB 15603—1995）规定，根据危险化学品品种特性，实施隔离储存、隔开储存、分离储存。

隔离储存：在同一房间或同一区域内，不同的物料之间分开一定的距离，非禁忌物料间用通道保持空间的储存方式。

隔开储存：在同一建筑物或同一区域内，用隔板或墙，将禁忌物料分开的储存方式。

分离储存：在不同的建筑物或远离所有的外部区域内的储存方式。

2. 储存条件

（1）易燃易爆品的储存条件

易燃易爆品的储存条件依据《易燃易爆性商品储存养护技术条件》（GB 17914—2013）。

建筑等级应符合 GB 50016—2014（2018 年版）的要求，库房耐火等级不低于二级。

库房条件：应干燥、易于通风、密闭和避光，并应安装避雷装置；库房内可能散发（或泄漏）可燃气体、可燃蒸气的场所应安装可燃气体检测报警装置。

各类商品依据性质和灭火方法的不同，应严格分区、分类和分库存放。易燃性商品应储存于一级轻顶耐火建筑的库房内。低、中闪点液体、一级易燃固体、自燃物品、压缩气体和液化气体类应储存于一级耐火建筑的库房内。遇湿易燃商品、氧化剂和有机过氧化物应储存于一、二级耐火建筑的库房内。二级易燃固体、高闪点液体应储存于耐火等级不低于二级的库房内。易燃气体不应与助燃气体同库储存。

安全条件：避免阳光直射，远离火源、热源、电源，无产生火花的条件。黑色火药类、爆炸性化合物等爆炸品，易燃气体、不燃气体和有毒气体等压缩气体和液化气体分别专库储存。易燃液体均可同库储存，但灭火方法不同的商品应分库储存。易燃固体可同库储存，但发乳剂与酸或酸性物品应分别储存；硝酸纤维素酯、安全火柴、红磷及硫化磷、铝粉等金属粉类应分别储存。黄磷、烃基金属化合物、浸动、植物油制品须分别专库储存。遇湿易燃物品须专库储存。氧化剂和有机过氧化物，一、二级无机氧化剂与一、二级有机氧化剂必须分别储存，硝酸铵、氯酸盐类、高锰酸盐、亚硝酸盐、过氧化钠、过氧化氢等必须分别专库储存。

环境要求：库房周围无杂草和易燃物。库房内地面无漏洒商品，保持地面与货垛清洁卫生。

部分易燃易爆品存放温、湿度条件见表 3-1。

表 3-1　部分易燃易爆品存放温、湿度条件

类别	品名	温度/℃	相对湿度/%
爆炸品	黑火药、化合物	≤32	≤80
	水作稳定剂的物品	≥1	<80
压缩气体和液化气体	—	≤30	—
易燃液体	低闪点物品	≤29	—
	中高闪点物品	≤37	—
易燃固体		≤35	
	硝酸纤维素酯	≤25	≤80
	安全火柴	≤35	≤80
	红磷、硫化磷、铝粉	≤35	≤80
自燃物品	黄磷	>1	—
	烃基金属化合物	≤30	≤80
	含油制品	≤32	≤80
遇湿易燃物品	—	≤32	≤75
氧化剂和有机过氧化物		≤30	≤80
	过氧化钠、镁、钙等	≤30	≤75
	硝酸锌、钙、镁等	≤28	≤75
	盐的水溶液	≤30	≤75
	结晶硝酸锰	<25	—
	过氧化苯甲酰	2～25	—
	过氧化丁酮	≤25	—

（2）腐蚀性物品的储存条件

腐蚀性物品的储存条件依据《腐蚀性商品储存养护技术条件》（GB 17915—2013）。

库房条件：应阴凉、干燥、通风、避光。应经过防腐蚀、防渗处理，库房的建筑应符合 GB 50046 的规定。储存发烟硝酸、液溴、高氯酸的库房应干燥通风，耐火要求应符合 GB 50016 的规定，耐火等级不低于二级。溴氢酸、碘氢酸应避光储存，液溴应专库储存。

货棚、露天货场：货棚应干燥卫生。露天货场应防潮防水。

安全条件：腐蚀性商品应避免阳光直射、曝晒，远离热源、电源、火源，库房建筑及各种设备应符合 GB 50016 的规定。应按不同类别、性质、危险程度、灭火方法等分区分类储存，性质和消防施救方法相抵的商品不应同库储存。

环境条件：库房应保持清洁。库区的杂物、易燃物应及时清理，排水保持畅通。

部分腐蚀性物品存放温、湿度条件见表3-2。

表3-2　部分腐蚀性物品存放温、湿度条件

类别	品名	适宜温度 /℃	适宜相对湿度 /%
酸性腐蚀品	发烟硫酸、亚硫酸	0~30	≤80
	硝酸、盐酸及氢卤酸、氟硅（硼）酸、氯化硫、磷酸等	≤30	≤80
	磺酸氯、氯化亚砜、氧氯化磷、氯磺酸、溴乙酰、三氯化磷等卤化物	≤30	≤75
	发烟硝酸	≤25	≤80
	液溴、溴水	0~28	—
	甲酸、乙酸、乙酸酐等有机酸类	≤32	≤80
碱性腐蚀品	氢氧化钾（钠）、硫化钾（钠）	≤30	≤80
其他腐蚀品	甲酸溶液	0~30	—

（3）毒害品的储存条件

毒害品的储存条件依据《毒害性商品储存养护技术条件》（GB 17916—2013）。

库房条件：库房干燥、通风。机械通风排毒应有安全防护。库房耐火等级不低于二级。

安全条件：仓库应远离居民区和水源。商品避免阳光直射、曝晒，远离热源、电源、火源，在库内（区）固定和方便的位置配备与毒害性商品性质相匹配的消防器材、报警装置和急救药箱。不同种类的毒害性商品，视其危险程度和灭火方法的不同应分开存放，性质相抵的毒害性商品不应同库混存，剧毒性商品应专库储存或存放在彼此间隔的单间内，并安装防盗报警器和监控系统，库门装双锁，实行双人收发、双人保管制度。

环境条件：库区和库房内保持整洁。对散落的毒害性物品应按照其安全技术说明书提供的方法妥善收集处理，库区的杂草及时清除。用过的工作服、手套等用品应放在库外安全地点，妥善保管并及时处理。更换储存毒害性物品时，要将库房清扫干净。

温湿度条件：库房温度不宜超过35℃。易挥发的毒害性物品，库房温度应控制在32℃以下，相对湿度应在85%以下。对于易潮解的毒害性物品，库房相对湿度应控制在80%以下。

3. 出入库管理

出入库管理：

① 储存化学危险品的实验室必须建立严格的出入库管理制度。

② 化学危险品出入库前均应进行检查验收、登记，验收内容包括：数量、包装、危险标志。

③ 经核对后方可入库、出库，当物品性质未弄清时不得入库。

④ 进入化学危险品储存区域的人员、机动车辆和作业车辆，必须采取防火措施。

⑤ 装卸、搬运化学危险品时应按有关规定进行，做到轻装、轻卸。严禁摔、碰、撞、击、拖拉、倾倒和滚动。

⑥ 装卸对人身有毒害及腐蚀性的物品时，操作人员应根据危险性，穿戴相应的防护用品。

⑦ 不得用同一车辆运输互为禁忌的物料。

⑧ 修补、换装、清扫、装卸易燃、易爆物品时，应使用不产生火花的铜制、合金制或其他工具。

四、危险化学品的管理

1. 登记注册

危险化学品的登记注册是其生产企业和经营企业对所生产和经营的危险化学品到指定的部门进行申报，明确其职责和义务，制定化学危害预防和控制的措施，领取登记注册证书；同时，有关主管部门对申报企业的生产、经营和管理条件进行审查，指导并规范其危险化学品的安全管理。登记注册制度是危险化学品安全管理工作的核心和有效手段。

（1）危险化学品登记注册的组织机构

国家安全生产监督管理总局化学品登记中心（简称登记中心），承办全国危险化学品登记的具体工作和技术管理工作。省、自治区、直辖市人民政府安全生产监督管理部门设立危险化学品登记办公室或者危险化学品登记中心，承办本行政区域内危险化学品登记的具体工作和技术管理工作。

（2）危险化学品登记注册的范围

危险化学品登记注册的范围包括：已列入国家标准《危险货物品名表》（GB 12268—2012）中的危险化学品；由国家安全生产监督管理局会同公安、环境保护、卫生、质检、交通运输部门确定并公布的未列入的其他危险化学品；国家安全生产监督管理局公布的《危险化学品名录》上的均属于危险化学品登记注册的范围的危险化学品。

危险化学品的登记单位为生产和储存危险化学品的单位、使用剧毒化学品和使用其他危险化学品数量构成重大危险源的单位。

（3）危险登记注册的基本条件

① 所登记的危险化学品应具有质量标准。

② 危险化学品的生产应具有工艺技术规程，其生产岗位有岗位操作规程。

③ 进入市场流通的危险化学品应具有"安全标签"和"安全技术说明书"。

④ 危险化学品岗位的操作职工应经过严格的培训教育，考试检验合格后持证上岗。

⑤ 危险化学品的生产须具有可靠的安全卫生防护措施和符合要求的个体防护用品。

⑥ 设立24h化学事故应急咨询电话或委托24h应急救援服务电话。

（4）危险化学品登记的时间

① 新建的生产企业应当在竣工验收前办理危险化学品登记。

② 进口企业应当在首次进口前办理危险化学品登记。

③ 同一企业生产、进口同一品种危险化学品的，按照生产企业进行一次登记，但应当提交进口危险化学品的有关信息。

④ 进口企业进口不同制造商的同一品种危险化学品的，按照首次进口制造商的危险化学品进行一次登记，但应当提交其他制造商的危险化学品的有关信息。

⑤ 生产企业、进口企业多次进口同一制造商的同一品种危险化学品的，只进行一次登记。

（5）危险化学品的登记内容

① 分类和标签信息，包括危险化学品的危险性类别、象形图、警示词、危险性说明、防范说明等；

② 物理、化学性质，包括危险化学品的外观与性状、溶解性、熔点、沸点等物理性质，闪点、爆炸极限、自燃温度、分解温度等化学性质；

③ 主要用途，包括企业推荐的产品合法用途、禁止或者限制的用途等；

④ 危险特性，包括危险化学品的物理危险性、环境危害性和毒理特性；

⑤ 储存、使用、运输的安全要求，其中，储存的安全要求包括对建筑条件、库房条件、安全条件、环境卫生条件、温度和湿度条件的要求，使用的安全要求包括使用时的操作条件、作业人员防护措施、使用现场危害控制措施等，运输的安全要求包括对运输或者输送方式的要求、危害信息向有关运输人员的传递手段、装卸及运输过程中的安全措施等；

⑥ 出现危险情况的应急处置措施，包括危险化学品在生产、使用、储存、运输过程中发生火灾、爆炸、泄漏、中毒、窒息、灼伤等化学品事故时的应急处

理方法，应急咨询服务电话等。

（6）危险化学品登记注册的程序

① 登记企业通过登记系统提出申请；

② 登记办公室在 3 个工作日内对登记企业提出的申请进行初步审查，符合条件的，通过登记系统通知登记企业办理登记手续；

③ 登记企业接到登记办公室通知后，按照有关要求在登记系统中如实填写登记内容，并向登记办公室提交有关纸质登记材料；

④ 登记办公室在收到登记企业的登记材料之日起 20 个工作日内，对登记材料和登记内容逐项进行审查，必要时可进行现场核查，符合要求的，将登记材料提交给登记中心；不符合要求的，通过登记系统告知登记企业并说明理由；

⑤ 登记中心在收到登记办公室提交的登记材料之日起 15 个工作日内，对登记材料和登记内容进行审核，符合要求的，通过登记办公室向登记企业发放危险化学品登记证；不符合要求的，通过登记系统告知登记办公室、登记企业并说明理由。

登记企业修改登记材料和整改问题所需时间，不计算在上述规定的期限内。

（7）办理登记的必要材料

登记企业办理危险化学品登记时，应当提交下列材料，并对其内容的真实性负责。

① 危险化学品登记表一式 2 份；

② 生产企业的工商营业执照，进口企业的对外贸易经营者备案登记表、中华人民共和国进出口企业资质证书、中华人民共和国外商投资企业批准证书或者台港澳侨投资企业批准证书复制件 1 份；

③ 与其生产、进口的危险化学品相符并符合国家标准的化学品安全技术说明书、化学品安全标签各 1 份；

④ 满足相关规定的应急咨询服务电话号码或者应急咨询服务委托书复制件 1 份；

⑤ 办理登记的危险化学品产品标准（采用国家标准或者行业标准的，提供所采用的标准编号）。

（8）危险化学品登记证书的管理

危险化学品登记证有效期为 3 年。登记证有效期满后，登记企业继续从事危险化学品生产或者进口的，应当在登记证有效期届满前 3 个月提出复核换证申请。

（9）危险化学品登记企业履行的义务

① 对本企业的危险化学品进行普查，建立危险化学品管理档案。

② 如实填报危险化学品登记材料。

③ 登记企业应当指定人员负责危险化学品登记的相关工作，配合登记人员在必要时对本企业危险化学品登记内容进行核查。

④ 对危险特性尚未确定的化学品，登记企业应当按照国家关于化学品危险性鉴定的有关规定，委托具有国家规定资质的机构对其进行危险性鉴定；属于危险化学品的，应当依照相关规定进行登记。

⑤ 危险化学品生产企业应当设立由专职人员 24h 值守的国内固定服务电话，为危险化学品事故应急救援提供技术指导和必要的协助。

⑥ 登记企业不得转让、冒用或者使用伪造的危险化学品登记证。

2. 分类管理

分类管理实际就是根据某一化学品的理化性质、燃爆性质、毒性、环境影响数据确定其是否是危险化学品，并进行危险性分类，主要依据为《危险货物分类和品名编号》（GB 6944—2012）。

常见危险品的安全管理注意事项如下：

（1）爆炸品

这类药品的存放处要求室内温度不超过 30℃，理想温度在 20℃ 以下，并均应与易燃物、氧化剂隔离放置。最好用防爆料架存放，料架用砖和水泥制成，有槽，槽内铺消防砂，药品瓶置于砂中。

（2）气体

气体分为压缩气体和液化气体两类。气体经压缩后储存于耐压钢瓶内，便都具有了危险性，钢瓶应放置在通风、阴凉、无腐蚀的专用场所，防止雨淋和日光曝晒，并远离电源、热源和电气设备，不应接触有电流通过的导体。

（3）易燃液体

该类物质的存放，要求阴凉通风，最高室温不得超过 30℃，并且要同其他可燃性物质和易发生火花的器物隔离放置。库房内应准备好消防器材。

（4）易燃固体

此类物质着火点低，如受热、遇火星、受撞击、摩擦或遇氧化剂作用等能引起急剧的燃烧和爆炸，同时放出大量毒害气体，如赤磷、硝化纤维素、重氮氨基苯、硫黄、萘、镁粉、铝粉等。该类物品要求最高室温不得超过 35℃，相对湿度不超过 80%。

（5）氧化剂

氧化剂具有强烈氧化性，在遇酸、碱，受潮、强热、摩擦、冲击或与易燃物、还原剂等物质接触时能发生分解，引起燃烧和爆炸。这类药品存放处要求通风，室内温度不超过 30℃，理想温度在 20℃ 以下，要求与酸类、木屑、炭粉、硫化物等易燃物、可燃物或易被氧化的物质进行隔离。

（6）毒害品

这类物品具有强烈的毒害性，少量进入人体或接触皮肤即能造成中毒甚至死亡。这类物品的存放处，要求阴凉、干燥，与酸类隔离并应专柜加锁，由专人负责保管，对剧毒品还应建立发放使用记录。

（7）腐蚀物品

这类物品具有强腐蚀性，与其他物质如木材、金属等接触能使其受腐蚀引起破坏。这类物品的存放处要求通风，并与其他物品隔离放置。应选用耐酸水泥和耐酸陶瓷制成架子来放置这类药品，架子不宜过高，以保证存取安全。

（8）放射性物品

此类物品具有放射性，能放射出穿透力很强、人体感觉器官不能觉察到的射线，人体受到过量照射或吸入放射性粉尘能引起放射病，如硝酸钍及含有放射性同位素的酸、碱、盐类和有机化合物等。这类试剂的内容器大都为磨口玻璃瓶，还需要用不同厚度和不同材料的对射线起屏蔽作用和对内容器起保护作用的外容器包装。存放处要远离易燃易爆等危险品，存取要具备防护设备、操作器、操作服（或铅围裙）等以保证人体安全。

3. 安全标签

危险化学品安全标签是指危险化学品在市场上流通时由生产销售单位提供的附在化学品包装上的标签，是向作业人员传递安全信息的一种载体。它用简单、易于理解的文字、象形图和编码的组合形式表示化学品所具有的危险性和安全注意事项，它可粘贴、挂栓或喷印在化学品的外包装或容器上。

危险化学品的安全标签是依照《化学品安全标签编写规定》（GB 15258—2009）执行的。该标准规定了化学品安全标签的内容和编写要求。标准适用于爆炸物、易燃气体、易燃气溶胶、氧化性气体、压力下气体、易燃液体、易燃固体、自反应性物质、自热物质、自燃液体、自燃固体、遇水放出易燃气体的物质、金属腐蚀物、氧化性液体、氧化性固体、有机过氧化物以及其他对人体和环境具有危害的化学品安全标签的编写。危险化学品安全标签应包括以下内容：化学品标识、象形图、信号词、危险性说明、防范说明、供应商标识、应急咨询电话、资料参阅提示语等信息。

（1）化学品标识

用中文和英文分别标明化学品的化学名称或通用名称，名称应与化学品安全技术说明书中的名称一致。名称要求醒目清晰，位于标签的上方。

（2）象形图

采用化学品分类、警示标签和警示性说明规范中规定的图形。物理危险象形图根据 GB 12268 中的主次确定先后顺序。未列入 GB 12268 的化学品，以下危险性类别的危险性总是主危险：爆炸物、易燃气体、易燃气溶胶、氧化性气体、高压气体、自反应物质和混合物、发火物质、有机过氧化物。其他主危险性的确定按照联合国《关于危险货物运输的建议书规章本》危险性先后顺序确定方法确定。

（3）信号词

根据化学品的危险程度和类别，用"危险""警告"两个词分别进行危害程度的警示。当某种化学品具有两种或两种以上的危险性时，用危险性最大的信号词进行警示。信号词位于化学品名称的下方，要求醒目、清晰。

（4）危险性说明

按物理危险、健康危害、环境危害的顺序简要概述化学品的危险特性，内容与安全技术说明书一致，位于信号词下方。

（5）防范说明

表述化学品在处置、搬运、储存和使用作业中所必须注意的事项和发生意外时简单有效的救护措施等，要求内容简明扼要、重点突出。该部分应包括安全预防措施、意外情况（如泄漏、人员接触或火灾等）的处理、安全储存措施及废弃处置等内容。

（6）供应商标识

供应商名称、地址、邮编和电话等。

（7）应急咨询电话

填写化学品生产商或生产委托商24h化学事故应急咨询电话，进口化学品至少填写一家国内化学事故应急咨询电话。

（8）资料参阅提示语

提示化学品用户应参阅化学品安全技术说明书。

对于小于或等于100mL的化学品小包装为方便标签使用，安全标签内容可以简化，包括化学品标识、象形图、信号词、危险性说明、应急咨询电话、供应商名称及联系电话、资料参阅提示语即可。实验室用化学品由于用量少，包装小，而且一部分是自备自用的化学品，因此可以采用简化标签。

化学品安全标签的样例如图3-10～图3-12所示。

4. 安全技术说明书

《化学品安全技术说明书 内容和项目顺序》（GB 16483—2008）中明确指出：化学品安全技术说明书（简称SDS）为化学物质及其制品提供了有关安全、健康和环境保护方面的各种信息，并能提供有关化学品的基础知识、防护措施和应急行动等方面的资料，同时向公共机构、服务机构和其他涉及到该化学品的相关方传递这些信息。

化学品安全技术说明书包括以下十六部分内容，具体如下：

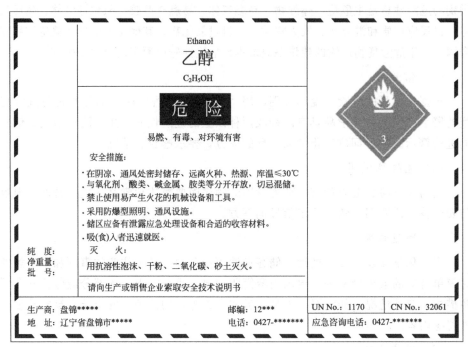

图 3-10　乙醇标签示例

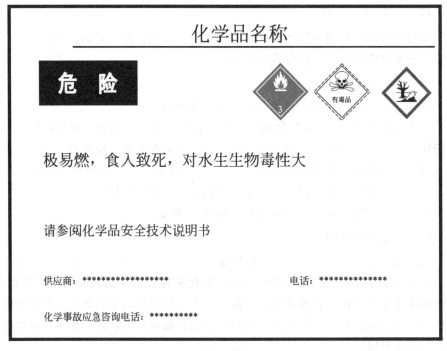

图 3-11　化学品简易标签示例

甲苯

危险

易燃、对人体有害、有毒

【安全措施】

眼睛防护：化学安全护目镜，面罩。

呼吸防护：动力型空气净化式、供气式呼吸防护具。

手部防护：聚氯乙烯防渗手套。

皮肤及身体防护：连身式防静电工作衣、工作鞋，工作区要有沐浴/冲眼设备。

【事故响应】

· 如皮肤接触：脱去被污染的衣着，用肥皂水和清水彻底冲洗皮肤。

· 眼睛接触：提起眼睑，用流动清水冲洗。就医。

· 吸　　　入：迅速脱离现场至空气新鲜处，休息保暖。保持呼吸道通畅。

　呼吸困难，给输氧气；停止呼吸，立既进行人工呼吸；就医。

· 食　　　入：喝足量温水，催吐；洗胃；就医。

· 火　灾　时：泡沫、二氧化碳、干粉、砂土、雾状水，用水冷却容器。

【安全储存】

· 储存于阴凉通风的库房。

· 远离火种、热源，防止阳光直射。

· 保持容器密封。

· 应与氧化剂隔离储运。

· 采用防爆型照明、通风设施。

· 禁止使用易产生火花的机械设备和工具。

· 储存区应备有泄漏应急处理设备和合适的收容器具。

【废弃处理】

· 本品用焚烧法处置

请向生产销售企业索取安全技术说明书

供应商：*****************　　　　电话：**************

地址：************************　　　邮编：**********

化学事故应急咨询电话：**********

图 3-12　甲苯标签示例

　　化学品及企业标识：主要标明化学品的名称、供应商的名称、地址、电话号码、应急电话、传真和电子邮件地址等信息。化学品名称应与安全标签上的名称一致，建议同时标注供应商的产品代码。该部分还应说明化学品的推荐用途和限制用途。

　　危险性概述：标明化学品主要的物理和化学危险性信息，对人体健康和环境影响，人员接触后的主要症状及应急综述等信息。如果该化学品存在某些特殊的危险性质，也应说明。如果已经根据《全球化学品统一分类和标签制度》（GHS）对化学品进行了危险性分类，应辨明危险性类别，同时注明 GHS 标签要素。

成分/组成信息：注明该化学品是物质还是混合物。如果是物质，应提供化学名或通用名、美国化学文摘登记号（CAS 号）及其他标识符。如果是混合物，不必列明所有组分，应给出危险组分的浓度或浓度范围。

急救措施：该部分应简要描述接触化学品后的急性和迟发效应、主要症状和对健康的主要影响，说明必要时应采取的急救措施及应避免的行动，此处填写的文字应该易于被受害人和（或）施救者理解。如有必要，本项应包括对保护施救者的忠告和对医生的特别提示，或给出及时的医疗护理和特殊的治疗。

消防措施：标明化学品的特别危险性（如产品是危险的易燃品），说明合适的灭火方法和灭火剂，如有不合适的灭火剂应在此处标明。

泄漏应急处理：该部分应说明化学品泄漏后现场可采用的简单有效的应急措施、注意事项和消除方法，包括作业人员防护措施、防护装备、应急处置程序、环境保护措施及泄漏化学品的收容、消除方法及所使用的处置材料。

操作处置与储存：主要是指化学品操作处置和安全储存方面的信息资料，包括操作处置作业中的安全注意事项、安全储存条件和注意事项。

接触控制和个体防护：在生产、操作处置、搬运和使用危险化学品的作业过程中，为保护作业人员免受化学品危害而采取的防护方法和手段。包括：最高容许浓度、工程控制、个体防护（呼吸系统防护、手防护、眼睛防护、皮肤和身体防护）及防护设备的类型和材质要求。

理化特性：主要描述危险化学品的外观及理化性质等方面的信息。包括：外观与形状、气味、pH 值、熔点、沸点、闪点、爆炸极限、蒸气压、蒸气密度、密度、溶解性、n-辛醇/水分配系数、自燃温度、分解温度和其他一些特殊的理化性质。

稳定性和反应性：主要描述化学品的稳定性和在特定条件下可能发生的危险反应。包括：应避免的条件、不相容的物质、危险的分解产物等。

毒理学信息：该部分应全面、简洁地描述使用者接触化学品后产生的各种毒性作用。包括：急性毒性、皮肤刺激或腐蚀、眼睛刺激或腐蚀、呼吸或皮肤过敏、生殖细胞突变性、致癌性、生殖毒性、特异性靶器官系统毒性（一次性接触、反复接触）等。

生态学信息：主要陈述危险化学品的环境影响、环境行为和归宿方面的信息。包括：生态毒性、生物持久性和降解性、生物累积性、土壤中的迁移性及其他有害的环境影响。

废弃处置：该部分包括安全和有利于环境保护而推荐的废弃处置方法信息。

这些处置方法适用于化学品（残余废弃物），也适用于任何受污染的容器和包装。提醒下游用户注意当地废弃处置法规。

运输信息：主要是指国内、国际对危险化学品包装、运输的要求及运输规定的分类和编号。包括：联合国危险货物编号、联合国运输名称、联合国危险性分类、包装组、海洋污染物及运输注意事项等。

法规信息：主要是危险化学品管理方面的法律条款和标准。

其他信息：主要提供其他对安全有重要意义的信息。包括：参考文献、建议的用途及限制的用途等。

化学品安全技术说明书将按规定的 16 项内容提供化学品信息，不能随意删减或合并，每部分的标题、编号和前后顺序不能随意变更。安全技术说明书的内容从该化学品的制作之日算起，每五年更新一次，若发现新的危害性，在有关信息发布后的半年内，生产企业必须对安全技术说明书的内容进行修订。

甲苯的安全技术说明书实例如下：

化学品安全技术说明书

产品名称：甲苯 　　　　　　　　　　　　　　　　SDS 编号：

修订日期：2014 年 10 月 　　　　　　　　　　　版本：1.1

第一部分　化学品及企业标识

化学品中文名：甲苯

化学品英文名：Toluene；Methylbenzene

企业名称：＊＊＊＊＊＊＊

企业地址：＊＊＊＊＊＊＊＊

邮　　编：＊＊＊＊＊＊

联系电话：＊＊＊＊＊＊＊＊＊

企业应急电话：＊＊＊＊＊＊＊＊

产品推荐及限制用途：用于掺合汽油组成及作为生产甲苯衍生物、炸药、染料中间体、药物等的主要原料。

第二部分　危险性概述

紧急情况概述：无色透明液体，有芳香气味。本品易燃，其蒸气与空气形成爆炸性混合物，遇明火、高热能引起燃烧爆炸。与氧化剂能发生强烈反应。有毒，对皮肤、黏膜有刺激性，对中枢神经系统有麻醉作用。

GHS 危险性类别：根据化学品分类、警示标签和警示性说明规范系列标准（参阅第十五部分），该产品属于易燃液体-2，皮肤腐蚀/刺激-2，生殖毒性-2，特异性靶器官系统毒性一次接触-3，特异性靶器官系统毒性反复接触-2，吸入危害-1，对水环境的危害-急性2，对水环境的危害-长期慢性3。

象形图：

信号词：危险

危险性说明：易燃刺激性液体，对皮肤、黏膜有刺激性，对中枢神经系统有麻醉作用。

防范说明：

预防措施：远离明火、热源、热表面。禁止吸烟。保持容器密闭。采取防静电措施，容器各设备接地。使用防爆电器、通风、照明等设备，使用无火花工具。得到专门指导后操作。在阅读和了解所有安全措施前，切勿操作。按要求使用个体防护装备。避免吸入其气体、烟雾、蒸气或喷雾，操作后彻底清洗。操作现场不得进食、饮水或吸烟。

事故响应：火灾时，用泡沫、二氧化碳、干粉、砂土灭火。皮肤接触：脱去污染的衣着，用肥皂水和清水彻底冲洗皮肤；如有不适感，就医。眼睛接触：提起眼睑，用流动清水或生理盐水冲洗；就医。吸入蒸气或燃烧产物：迅速脱离现场至空气新鲜处，保持呼吸道畅通；如呼吸困难，给输氧；呼吸、心跳停止，立即进行心肺复苏术，送医院或寻求医生帮助；食入：禁止催吐；如果发生呕吐，让病人前倾或左侧位躺下（头部保持低位），保持呼吸道通畅，防止吸入呕吐物；仔细观察病情；禁止给有嗜睡症状或直觉降低即正在失去知觉的病人服用液体；意识清醒者可用水漱口，尽量多饮水。

安全储存：储存于阴凉、通风的库房。

废弃处置：处置前参阅国家和地方有关法规，控制焚烧法。

物理化学危险：易燃，其蒸气与空气可形成爆炸性混合物，遇明火、高热能引起燃烧爆炸。与氧化剂能发生强烈反应。流速过快，容易产生和积聚静电。其蒸气比空气重，能在较低处扩散到相当远的地方，遇火源会着火回燃。

健康危害：对皮肤、黏膜有刺激性，对中枢神经系统有麻醉作用。

急性中毒：短时间内吸入较高浓度本品可出现眼及上呼吸道明显的刺激症状、眼结膜及咽部充血、头晕、头痛、恶心、呕吐、胸闷、四肢无力、步态蹒跚、意识模糊。重症者可有躁动、抽搐、昏迷。

慢性中毒：长期接触可发生神经衰弱综合征，肝肿大，女工月经异常等。皮肤干燥、皲裂、皮炎。

环境危害：对环境有严重危害，对空气、水环境及水源可造成污染。

第三部分 成分/组成信息

√物质   混合物

危险组分	浓度或浓度范围(体积分数)	CAS No.
甲苯	>99%	108-88-3

第四部分 急救措施

急救：

皮肤接触：立即脱去被污染的衣服，用流动清水或肥皂水彻底冲洗。出现刺激情况，就医。

眼睛接触：立即提起眼睑，用流动清水或生理盐水冲洗，并立即送医。佩戴隐形眼镜，应由专业人员去除隐形眼镜。

吸入：迅速脱离现场至空气新鲜处。保持呼吸道通畅，如呼吸困难，给输氧。呼吸心跳停止时，立即进行人工呼吸（勿用口对口）和胸外心脏按压术。就医。

食入：饮足量温水，禁止催吐，就医。

急性和迟发效应及主要症状：对皮肤、黏膜有刺激性，吸入肺内可引起肺炎、肺水肿等症状；高浓度时有中枢神经系统麻醉作用，引起如头晕、头痛、恶心、步履蹒跚等症状；长期接触可引起神经衰弱、皮炎等症状。

医生的特别提示：对症处理，可用葡萄糖醛酸，有意识障碍或抽搐时注意防治脑水肿。心跳未停者忌用肾上腺素。

第五部分 消防措施

特别危险性：易燃，其蒸气与空气可形成爆炸性混合物，明火、高热能引起燃烧爆炸。与氧化剂能发生强烈反应。流速过快，容易产生和积聚静电。其蒸气比空气重，能在较低处扩散到相当远的地方，遇火源会着火回燃。

灭火方法和灭火剂：泡沫、干粉、二氧化碳、砂土。

灭火注意事项及措施：消防人员必须戴好自给正压式呼吸器，穿全身防火防毒服，在安全距离以外及上风向灭火。尽可能切断泄漏源，尽可能将容器从火场移至空旷处。喷水保持火场容器冷却，直至灭火结束。处在火场中的容器如果变色或者从安全泄压装置中产生声音，必须马上撤离。用水灭火无效。收容和处理消防水，防止污染环境。

第六部分 泄漏应急处理

作业人员防护措施、防护装备和应急处置程序：消除所有点火源。根据液体流动和蒸气扩散的影响区域划定警戒区，无关人员从侧风、上风向撤离至安全区。建议应急处理人员戴自给正压式呼吸器，穿防静电服。作业时使用的所有设备应接地。禁止接触或跨越泄漏物。尽可能切断泄漏源。

环境保护措施：防止流入下水道、排洪沟等限制性空间。

泄漏化学品的收容、清除方法及所使用的处置材料：

陆地泄漏：小量泄漏用沙土或其他不燃材料吸收，也可以用大量水冲洗，洗水稀释后放入废水系统；大量泄漏构筑围堤或挖坑收容，用泡沫覆盖，降低蒸气危害，用防爆泵转移至槽车或专用收集器内，回收或运至废物处理场所处置。

水上泄漏：如没有危险，可采取行动阻止泄漏，立即用围油栅限制溢漏范围，从表面撤去，并警告其他船只。

上述泄漏处置建议是根据材料最可能的泄漏情况提出的，然而，各种自然条件都可能对所采取的方案有很大影响，为此应咨询当地专家。注意：当地法规可能对所采取的方案有规定或限制。

第七部分　操作处置与储存

操作注意事项：密闭操作，加强通风。操作人员必须经过专门培训，严格遵守操作规程。建议操作人员佩戴自吸过滤式防毒面具（半面罩），戴化学安全防护眼镜，穿防毒物渗透工作服，戴橡胶耐油手套。远离火种、热源，工作场所严禁吸烟。使用防爆型的通风系统和设备。防止蒸气泄漏到工作场所空气中。避免与氧化剂接触。灌装时应控制流速，且有接地装置，防止静电积聚。搬运时要轻装轻卸，防止包装及容器损坏。配备相应品种和数量的消防器材及泄漏应急处理设备。倒空的容器可能残留有害物。

储存注意事项：储存于阴凉、通风库房。远离火种、热源。仓温不宜超过 30℃，保持容器密封。应与氧化剂、食用化学品分开存放，切忌混储。采用防爆型照明、通风设施。禁止使用易生产火花的机械设备和工具。储区应备有泄漏应急处理设备和合适的收容材料。

第八部分　接触控制/个体防护

接触限值：MAC（mg/m^3）：100　　　　　　PC-TWA（mg/m^3）：5×10^{-11}
　　　　　　PC-STEL（mg/m^3）：1×10^{-10}
　　　　　　TLV-TWA（mg/m^3）：20×10^{-6}

生物限值：尿中邻甲酸，班末采样，0.5mg/L；尿中马尿酸，班末采样，1.6g/g 肌酐；静脉血中甲苯，班前采样，0.05mg/L。

监测方法：气相色谱法。

工程控制：生产过程密闭，加强通风。

呼吸系统防护：空气中浓度超标时，佩戴自吸过滤式防毒面具（半面罩）。紧急事态抢救或撤离时，应该佩戴空气呼吸器或氧气呼吸器。

眼睛防护：佩戴化学安全防护眼镜。

皮肤和身体防护：穿防毒物渗透工作服。

手防护：戴橡胶耐油手套。

其他防护：工作现场禁止吸烟、进食和饮水。工作完毕，淋浴更衣。保持良好的卫生习惯。

第九部分　理化特性

外观与性状：无色透明液体，有类似苯的芳香气味。

pH 值(指明浓度)：**	熔点/凝固点(℃)：−94.9
沸点、初沸点和沸程(℃)：110.6	密度：**
相对蒸气密度(空气＝1)：3.14	相对密度(水＝1)：0.87
燃烧热(kJ/mol)：3905.0	饱和蒸气压(kPa)：4.89(30℃)
临界压力(MPa)：4.11	临界温度(℃)：318.6
闪点(℃)：4	n-辛醇/水分配系数：2.73
分解温度(℃)：不适用	引燃温度(℃)：535
爆炸下限(体积分数)：1.1	爆炸上限(体积分数)：7.1

易燃性：高度易燃。

溶解性：不溶于水，可混溶于苯、醇、醚等多数有机溶剂。

第十部分　稳定性和反应性

稳定性：稳定。

禁配物：氧化剂。

避免接触的条件：火种、热源。

危险反应：与氧化剂发生反应，有引起燃烧爆炸的危险。

危险分解产物：一氧化碳、二氧化碳。

第十一部分　毒理学资料

急性毒性：

LD_{50}：5000mg/kg（大鼠经口）；12124mg/kg（兔经皮）。

LC_{50}：20003mg/m^3，8h（小鼠吸入）。

人吸入 71.4g/m^3，短时致死；人吸入 3g/m^{3}1～8h，急性中毒；人吸入 0.2～0.3g/m^{3}8h，中毒症状出现。

皮肤刺激或腐蚀：500mg/kg（兔经皮），中度刺激。

眼睛刺激或腐蚀：300mg/kg（人经眼），引起刺激。

呼吸或皮肤过敏：无资料。

致突变性：

微核试验：200mg/kg（小鼠经口）。

细胞遗传学分析：大鼠吸入 5400μg/m^3，16 周（间歇）。

致癌性：无资料。

生殖毒性：

大鼠吸入最低中毒浓度（TCL$_O$）：1.5g/m^3，24h（孕 1～18 天用药），致胚胎毒性和肌肉发育异常。

小鼠吸入最低中毒浓度（TCL$_O$）：500mg/m^3，24h（孕 6～13 天用药），致胚胎毒性。

特异性靶器官系统毒性——一次性接触： 动物急性中毒表现对中枢神经系统的麻醉作用。同时可致肝脏和肾脏损害，对造血系统损伤不明显。

特异性靶器官系统毒性——反复接触： 大鼠、豚鼠吸入 390mg/m^3，8h/d，90～127d，引起造血系统和实质性脏器改变。

吸入危害： 短时间内吸入较高浓度本品可出现眼及上呼吸道明显的刺激症状、眼结膜及咽部充血、头晕、头痛、恶心、呕吐、胸闷、四肢无力、步态蹒跚、意识模糊。

第十二部分　生态学资料

生态毒性： 该品被认为对水生生物有毒。

持久性和降解性： 可被生物和微生物氧化降解。

潜在的生物累积性： 生物累积性很低。

迁移性： 该产品溶解度低，可向空气、土壤、水中迁移。

第十三部分　废气处置

废气处置方法：

产品： 控制焚烧法。

不洁的包装： 把倒空的容器归还厂商或根据国家和地方法规处置。

废气注意事项： 处置前参阅国家和地方有关法规。

第十四部分　运输信息

联合国危险货物编号（UN 号）： 1294

联合国运输名称： 甲苯

联合国危险性分类： 3.2

包装类别： II 类

包装标志： 易燃液体

包装方法： 小开口钢桶，螺纹口玻璃瓶，铁盖压口玻璃瓶，塑料瓶或金属桶（罐），外用普通木箱。

海洋污染物（是/否）： 是

运输注意事项： 铁路运输时应严格按照铁道部《危险货物运输规则》中的危险货物配装表进行配装。运输时运输车辆应配备相应品种和数量的消防器材及泄漏应急处理设备。夏季最好早晚运输。运输时所用的槽（罐）车应有接地链，槽内可设孔隔板以减少震荡产生静电。严禁与氧化剂、酸类、食用化学品等混装混运。运输途中应防曝晒、雨淋，防高温。中途停留时应远离火种、热源、高温区。装运该物品的车辆排气管必须配备阻火装置，禁止使用易产生火花的机械设备和工具装卸。公路运输时要按规定路线行驶，勿在居民区和人口稠密区停留。铁路运输时要禁止溜放。严禁用木船、水泥船散装运输。

第十五部分　法规信息

法规信息：下列法律、规章和标准，对该化学品的安全使用、储存、运输、装卸、分类和标志等方面作了相应的规定：

化学品分类、警示标签和警示性说明规范系列标准（GB 30000.2—2013～GB 30000.28—2013）。

《危险化学品名录》：列入，将该物质划为第3.2类易燃液体。

《剧毒化学品名录》：未列入。

《危险货物品名表》（GB 12268—2012）：列入，将该物质划为第3类易燃液体。

第十六部分　其他信息

最新修订日期：＊＊＊＊＊＊＊＊

填表部门：＊＊＊＊＊＊＊＊

数据审核部门：＊＊＊＊＊＊＊＊

修改说明：本SDS按照《化学品安全技术说明书内容和项目顺序》（GB/T 16483—2008）标准编制；由于目前国家尚未颁布化学品GHS分类目录，本SDS中的化学品的GHS是企业根据化学品分类、警示标签和警示性说明规范系列标准自行进行的分类，待国家化学品GHS分类目录颁布后再进行相应的调整。

缩略语说明：

LD_{50}：指能够引起试验动物一半死亡的药物剂量，通常用药物致死剂量的对数值表示。

LC_{50}：在动物急性毒性试验中，使受试动物半数死亡的毒物浓度。

MAC：指工作地点、在一个工作日内、任何时间有毒化学物质不应超过的浓度。

PC-TWA：指以时间为权数规定的8h工作日、40h小时工作周的平均容许接触浓度。

PC-STEL：指在遵守PC-TWA前提下允许短时间（15min）接触的浓度。

TLV-C：瞬时亦不得超过的限值。是专门对某些物质如刺激性气体或以急性作用为主的物质规定。

TLV-TWA：是指每日工作8h或每周工作40h的时间加权平均浓度，在此浓度下终身工作时间反复接触对几乎全部工人都不致产生不良效应。

TLV-STEL：是在保证遵守TLV-TWA的情况下，容许工人连续接触15min的最大浓度。此浓度的每个工作日中不得超过4次，且两次接触间隔至少60min。它是TLV-TWA的一个补充。

IARC：是指国际癌症研究所。

RTECS：是指美国国家职业安全和健康研究所的化学物质毒性数据库。

HSDB：是指美国国家医学图书馆的危险物质数据库。

ACGIH：是指美国政府工业卫生学家会议。

免责声明：本 SDS 的信息仅适用于所指定的产品，除非特别指明，对于本产品与其他物质的混合物等情况不适用。本 SDS 只为那些受过适当专业训练的该产品的使用人员提供产品使用安全方面的资料。本 SDS 的使用者，在特殊的使用条件下必须对该 SDS 的适用性作出独立判断。在特殊的使用场合下，由于使用本 SDS 所导致的伤害，本 SDS 的编写者将不负任何责任。

5. 安全教育

安全教育是危险化学品安全管理的一个重要组成部分，是事故预防与控制的重要手段之一。安全教育有助于实验人员正确使用安全标签和安全技术说明书，了解所使用的化学品的燃烧爆炸危害、健康危害和环境危害；掌握必要的应急处理方法和自救、互救措施；掌握个体防护用品的选择、使用、维护和保养；掌握特定设备和材料如急救、消防、溅出和泄漏控制设备的使用。自觉遵守规章制度和操作规程，主动预防和控制化学品危害。

（1）对象

危险化学品登记人员，实验人员，危险化学品生产经营单位主要负责人、安全管理人员、特种作业人员和其他从业人员。

（2）内容及要求

安全教育主要内容如下：

① 特种作业人员应当接受与其所从事的特种作业相应的安全技术理论培训和实际操作培训。

② 正确理解危险化学品安全标签、安全技术说明书以及所提供的内容。

③ 正确认识作业场所内使用的颜色、编码、标识等安全标志。

④ 危险化学品危害、管理及安全使用方法、搬运和废弃的程序和注意事项。

⑤ 个体防护用品的合理选择，正确使用以及维护、储存、修理等方面的知识。

⑥ 紧急状态下的自救互救、急救方法、疏散和现场情况的处理。

⑦ 有关火灾、爆炸、中毒与窒息等方面的基本知识。

⑧ 消防与气体防护的基本知识。

⑨ 电气设备的基本安全知识。

⑩ 有关事故案例分析。

⑪ 其他需要培训的内容。

（3）方法与形式

各单位可以根据现有的条件，结合授课，采用多种教育形式和教育手段实现危险化学品的安全教育。利用在醒目的地方张贴安全广告、标语、宣传画、标志、展览、黑板报等，以精炼的语言提示作业人员注意安全、预防事故。利用广播、电影、电视、录像等现代化手段进行安全宣传。召开专题讨论会、事故现场分析会等，以集体讨论的形式，使与会者在参与过程中进行自我教育。组织专题培训班、聘请专家开设讲座等方式系统、多面地学习，全面提升从业人员的安全素养。

危险化学品的安全教育不能一劳永逸，必须经常开展。不仅要对新员工进行培训，对新产品作业时也要先进行培训，已培训过的现有作业人员也要定期安排。教育形式可以有安全活动日、安全周、安全月、安全教育展览会等。安全活动日为主要形式，制定时要有计划、有内容、有记录，主要负责人应经常参加，了解和解决安全中存在的问题。

安全教育要落到实处，切实使每位作业人员均能全面、深入地掌握危险化学品的使用知识和处理技术，确保工作中安全使用危险化学品，预防和控制危险化学品事故的发生。

第二节　实验室其他风险控制

一、高压装置的安全使用

1. 高压反应釜

高压反应釜（磁力高压反应釜）是磁力传动装置应用于反应设备的典型创新，它从根本上解决了以前填料密封、机械密封无法克服的轴封泄漏问题，无任何泄漏和污染，是国内目前进行高温、高压下的化学反应最为理想的装置，特别是进行易燃、易爆、有毒介质的化学反应。典型的高压反应釜如图 3-13 所示。

高压反应釜由反应容器、搅拌器及传动装置、冷却装置、安全装置、加热炉等部件组成，见图 3-14。反应容器由不锈钢制成的釜体和釜盖组成。釜体与釜盖采用法兰连接，釜盖上装有压力表、爆破片、气液相阀、温度传感器等，便于随时了解釜内的反应情况，调节釜内的介质比例，并确保运行。联轴器主要由具有很强磁力的一对内、外磁环组成，中间有承压的隔套。磁联轴器与釜盖间装有冷却水套，当操作温度较高时应通冷却水，以防磁钢温度太高而退磁。

使用高压反应釜时应注意以下安全事项：
① 装入反应介质时应不超过釜体 2/3 液面。
② 在反应釜中进行不同介质的反应，应首先查清介质对主体材料有无腐蚀。

图 3-13　典型的高压反应釜

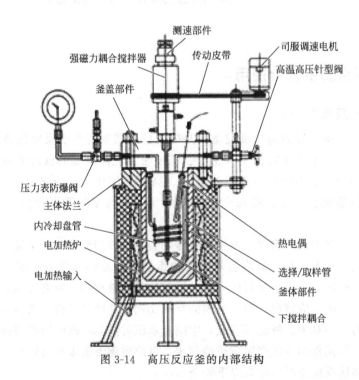

图 3-14　高压反应釜的内部结构

③ 高压反应釜升温速度不宜太快，加压亦应缓慢进行，尤其是反应釜搅拌速度，只允许缓慢升速。如遇停电，应立即将调速旋钮调回零位。

④ 高压反应釜不得速冷，以防过大的温差压力造成损坏。

⑤ 高压反应釜运转时，联轴器与釜盖间的水夹套必须通冷却水，以控制反应釜磁钢的工作温度，避免退磁。

⑥ 磁力搅拌器的运转方向必须为顺时针转动，运转时如隔离套内部有异常声响，应停机，检查搅拌系统有无异常情况。

⑦ 高压反应釜严禁在高压下敲打拧动螺栓和螺母接头。

⑧ 高压反应釜爆破膜在使用一段时间后，会老化疲劳，降低爆破压力，也可能会有介质附着，影响反应釜灵敏度，应定期更换，一般一年更换一次，以防失效。

⑨ 高压反应釜严禁带压拆卸。

⑩ 釜长期停用时，釜内外要清洗擦净不得有水及其他物料，并存放在清洁干燥无腐蚀的地方。

2. 高压蒸汽灭菌器

高压蒸汽灭菌器是使用高压蒸汽灭菌，利用加热产生蒸汽，随着蒸汽压力不断增加，温度随之升高，高压蒸汽灭菌具有穿透力强，传导快，能使微生物的蛋白质较快变性或凝固。典型的高压蒸汽灭菌器见图3-15。

高压蒸汽灭菌器一般由容器盖、环头螺母、安全阀、控制面板、发热管、排水装置等部件组成，见图3-16。容器盖，通过环头螺母固定，盖上加装层防烫隔热盖，避免烫伤。压力大于 0.23MPa 时安全阀会自动泄压。

图3-15　典型的高压蒸汽灭菌器

使用高压反应釜时应注意以下安全事项：

① 锅内水必须用蒸馏水或纯化水。

② 待灭菌的物品放置不宜过紧。

③ 堆放灭菌物品时，严禁堵塞安全阀的出气孔，必须留有空间保证其畅通放气。

④ 锅盖螺母必须对称拧紧。

⑤ 必须将冷空气充分排除，否则锅内温度达不到规定温度，影响灭菌效果。

⑥ 灭菌液体以不超过 3/4 体积为好，瓶口切勿使用未开孔的橡胶或软木塞。

⑦ 当灭菌持续时，在进行新的灭菌时，应留有 5min 的时间，并打开上盖让设备有时间冷却。

⑧ 灭菌完毕后，不可放气减压，否则瓶内液体会剧烈沸腾，冲掉瓶塞而外溢甚至导致容器爆裂。须待灭菌器内压力降至与大气压相等后才可开盖。

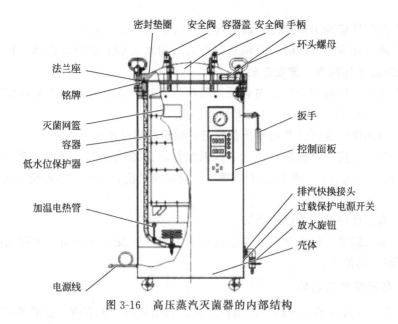

图 3-16　高压蒸汽灭菌器的内部结构

二、气瓶的安全使用

气瓶是指公称容积不大于1000L，用于盛装压缩气体（含永久气体、液化气体和溶解气体）的可重复充气的移动式压力容器。

1.气瓶结构

常见的气瓶由瓶体、胶圈、瓶箍、瓶阀和瓶帽五部分组成，瓶体外部装有两个防震胶圈。根据所充装气体的性质，标涂瓶体颜色和字样，用以区别其他气瓶，见图3-17。

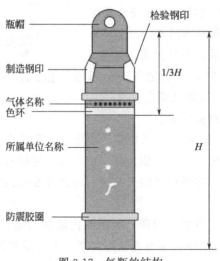

图 3-17　气瓶的结构

2. 常用气体颜色标识

盛装不同种类气体的气瓶外表面通常涂有不同颜色、字样、字色、色环和检验色标等见图 3-18，是识别气瓶所充装气体和定期检验年限的主要标志之一，应符合 GB/T 7144—2016《气瓶颜色标志》的要求，常见气瓶的颜色见表 3-3。

图 3-18　不同种类的气瓶

表 3-3　常见气瓶颜色标志

充装气体	瓶体颜色	字样	字样颜色	色环
空气	黑	空气	白	$p=20$，白色单环；$p\geqslant30$，白色双环
氩气	银灰	氩	深绿	
氯	深绿	液氯	白	
氨	淡黄	液氨	黑	
乙烷	棕	液化乙烷	白	$p=15$，白色单环；$p=20$，白色双环
乙烯	棕	液化乙烯	淡黄	
一氧化氮	白	一氧化氮	黑	
一氧化碳	银灰	一氧化碳	大红	

3. 气瓶的标记

（1）警示标签

气瓶上应贴有警示标签，向使用者提供给基本的危险警示，GB 16804—2011《气瓶警示标签》规定了用于充装单一气体或混合气体的单个气瓶上的警示标签的设计，如图 3-19 所示。

标签应牢固地粘贴在气瓶上并保持标记清晰可见，不得覆盖任何充装所需的永久性标签。

（2）制造钢印标志

气瓶的钢印标志是识别气瓶质量的重要依据。按照 TSG R0006—2014《气瓶安全技术监察规程》的要求，将钢印打在瓶肩上时，标记的项目和排列顺序如

图 3-20 所示。

图 3-19　典型的气瓶警示标签

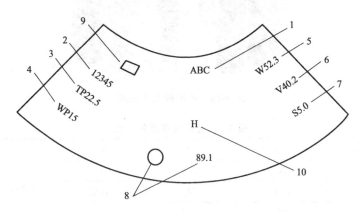

图 3-20　气瓶的钢印标记

1—气瓶制造单位代号；2—气瓶编号；3—水压试验压力，MPa；4—公称工作压力，MPa；
5—实际质量，kg；6—实际容积，L；7—瓶体设计壁厚，mm；8—制造单位检验标记和制造
年月；9—监督检验标记；10—寒冷地区用标记

4.气瓶年检时限

气瓶在使用过程中必须根据国家《气瓶安全技术监察规程》要求进行定期技术检验，各类气瓶的检验周期见表 3-4。

表 3-4　气瓶的检验周期

充装气体	气体性质	年检时限	备注
二氧化硫、硫化氢等	腐蚀性气体	两年一检	
空气、氧气、氮气、氢气、乙炔等	一般气体	三年一检	
氩、氖、氦等	惰性气体	五年一检	
液化石油气		五年一检	>20 年两年一检

5. 气瓶的日常使用

① 不得擅自更改气瓶的钢印和颜色标记。

② 气瓶使用前应进行安全状况检查，对盛装气体进行确认。

③ 气瓶的放置地点，不得靠近热源，应距明火 10m 以外。盛装易发生聚合反应或分解反应气体的气瓶应避开放射性射线源。

④ 气瓶立放时应采取防止倾倒措施。

⑤ 夏季应防止阳光曝晒。

⑥ 严禁敲击、碰撞，特别是乙炔瓶不应遭受剧烈振动或撞击，以免填料下沉而形成净空间影响乙炔的储存。

⑦ 严禁在气瓶上进行电焊引弧。

⑧ 得用温度超过 40℃ 的热源对气瓶加热，如乙炔瓶瓶温过高会降低丙酮对乙炔的溶解度，而使瓶内乙炔眼里急剧增高，造成危险。

⑨ 瓶内气体不得用尽，必须留有剩余压力（永久气体气瓶的剩余压力应不小于 0.05MPa；液化气体气瓶应留有不少于 0.5%～1.0%规定充装量的剩余气体）并关紧阀门，防止漏气，使气压保持正压，以便充气时检查，还可以防止其他气体倒流入瓶内，发生事故。

⑩ 在可能造成回流的使用场合，使用设备必须配置防止倒灌的装置，如单向阀、止回阀、缓冲罐等。

⑪ 气瓶和电焊在同一地点使用时，瓶底应垫绝缘物，以防气瓶带电。与气瓶接触的管道和设备要有接地装置，防止产生静电造成燃烧或爆炸。

⑫ 氧气瓶阀不得沾有油脂，焊工不得用沾有油脂的工具、手套或油污工作服去接触氧气瓶阀、减压器等。冬天使用时，如瓶阀或减压器有冻结现象，可用热水或水蒸气解冻，严禁用火焰或铁器撞击。氧气瓶着火时，应迅速关闭阀门，停止供氧。

⑬ 乙炔等可燃气瓶不得放置在橡胶等绝缘体上，以利静电释放。乙炔瓶使用和存放时，应保持直立，不能横躺卧放，以防液体流出，引起燃烧爆炸。一旦要使用已卧放的乙炔气瓶，必须先直立 20min 后，再连接减压器，然后再使用。

⑭ 石油气对普通橡胶制的导管和衬垫有腐蚀作用，必须采用耐油性强的橡胶。不得随意更换衬垫和胶管，以防腐蚀漏气。

⑮ 液化石油气瓶点火时，应先点燃引火物，后打开瓶阀，不要颠倒次序。

⑯ 液化石油气瓶用后，不得将气瓶内的液化石油气向其他气瓶倒装，不得自行处理气瓶内的残液。

三、高温装置的安全使用

在实验室中经常会使用到高温装置，如果操作错误或使用不当，常会造成烧伤事故，甚至会引起火灾、爆炸。因此，操作时应严格遵守安全操作规程。

1. 马弗炉

马弗炉是一种通用的箱式加热设备，系周期作业式，主要用作元素分析测定和一般小型钢件淬火、退火、回火等热处理时加热用，高温马弗炉还可作金属、陶瓷的烧结、溶解、分析等高温加热用。典型的马弗炉如图 3-21 所示。

图 3-21　典型的马弗炉

使用马弗炉时应注意以下安全事项：

① 当马弗炉第一次使用或长期停用后再次使用时，必须进行烘炉。烘炉的时间应为室温～200℃四小时、200～600℃四小时。使用时，炉温最高不得超过额定温度，以免烧毁电热元件。禁止向炉内灌注各种液体及易溶解的金属，马弗炉最好在低于最高温度 50℃以下工作，此时炉丝有较长的寿命。

② 马弗炉和控制器必须在相对温度不超过 85%，没有导电尘埃、爆炸性气体或腐蚀性气体的场所工作。凡附有油脂之类的金属材料需进行加热时，有大量挥发性气体将影响和腐蚀电热元件表面，使之销毁和缩短马弗炉寿命。因此，加热时应及时预防和做好密封容器或适当开孔加以排除。

③ 马弗炉控制器应限于在环境温度 0～40℃范围内使用。

④ 应定期检查电炉、控制器的各接线的连线是否良好，指示仪指针运动时有无卡住滞留现象，并用电位差计校对仪表因磁钢、退磁、涨丝、弹片的疲劳、平衡破坏等引起的误差增大情况。

⑤ 热电偶不要在高温时骤然拔出，以防外套炸裂。

⑥ 经常保持炉膛清洁，及时清除炉内氧化物等。

2. 管式燃烧炉

管式燃烧炉是利用高压、高频振荡电路，形成瞬间大电流点燃样品，使样品在富氧条件下迅速燃烧后产生混合气体，经过化学分析程序，定量而快捷地分析出样品中碳、硫含量的设备。典型的管式燃烧炉如图 3-22 所示。

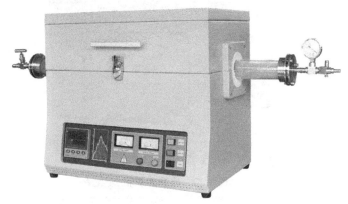

图 3-22　典型的管式燃烧炉

使用管式燃烧炉时应注意以下安全事项：

① 炉子首次使用或长时间不用后，要在 120℃左右烘烤 1h，在 300℃左右烘烤 2h 后使用，以免造成炉膛开裂。

② 炉温尽量不要超过额定温度，以免损坏加热元件及炉衬。

③ 禁止向炉膛内直接灌注各种液体及溶解金属，保持炉内的清洁。

④ 冷炉使用时，低温段升温速率不宜过快，各温度段的升温速率差别不宜太大，设置升温速率时应充分考虑所烧结材料的物理化学性质，以免出现喷料现象，污染炉管。

⑤ 烘炉通蒸气时必须先脱水，缓慢进行，防止水击。

⑥ 定期检查温度控制系统的电器连接部分的接触是否良好，应特别注意加热元件的各连接点的连接是否紧固。

3. 烘箱

烘箱是利用电热丝隔层加热使物体干燥的设备，它适用于比室温高 5～300℃范围的烘焙、干燥、热处理等。典型的烘箱如图 3-23 所示。

使用烘箱时应注意以下安全事项：

① 烘箱应安放在室内干燥和水平处，防止振动和腐蚀。

② 注意安全用电，根据烘箱耗电功率安装足够容量的电源闸刀。

③ 放入样品时应注意排列不能太密。散热板上不应放样品，以免影响热气流向上流动。

④ 禁止烘焙易燃、易爆、易挥发及有腐蚀性的物品。

⑤ 当需要观察工作室内样品情况时，可开启外道箱门，透过玻璃门观察。但箱门以尽量少开为好，以免影响恒温。特别是当工作在 200℃以上时，开启箱门有可能使玻璃门骤冷而破裂。

图 3-23　典型的烘箱

⑥ 有鼓风的烘箱，在加热和恒温的过程中必须将鼓风机开启，否则影响工作室温度的均匀性和损坏加热元件。

⑦ 为防止烫伤，取放样品时要用专门工具。

四、低温装置的安全使用

1. 液氮罐

液氮罐主要为实验室储备液氮用，利用容器内少量液化气体产生压力，使容器自动排放液体，从而为其他容器进行液体补充。典型的液氮罐如图 3-24 所示。

容器由外壳、内胆、颈管、绝热材料、提筒等组成，如图 3-25 所示。外壳、内胆由一种特殊的高强度、耐腐蚀铝合金制成，坚固耐用。颈管是由特殊玻璃增强塑料制成，导热系数只有不锈钢的 1/50，可以从颈部控制进入的热量。绝热材料装填在内胆与外壳之间的空间里，将此空间抽成高真空，从而获得少的液氮蒸发量。盖塞由特殊塑料制成，兼有减少液氮罐蒸发量。真空抽气嘴是封闭真空的重要零件，必须严格保护，不能重击、摔打，也不能用手拧，此处一旦被破坏，容器就有报废的可能。

图 3-24　典型的液氮罐

使用液氮罐时应注意以下安全事项：

① 液氮罐的存放环境要保持通风、干燥。

② 储存液氮时要注意盖塞状况，防止因低温而产生结冰现象，如果出现结冰要及时清除处理。

③ 不得拆除外筒防爆装置和真空阀，否则将破坏储罐的真空度。

④ 外壳严禁碰撞，以免影响真空度。

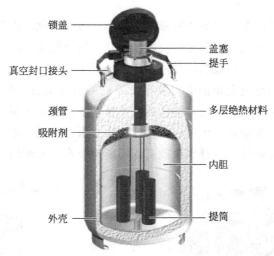

锁盖

盖塞

提手

真空封口接头

颈管

多层绝热材料

吸附剂

内胆

外壳

提筒

图 3-25　液氮罐的内部结构

⑤ 为减少充液时的损耗，应在容器内还有少量液体时即重新充液，或在用完液体后的 48h 内充液。

⑥ 如果容器长期不使用，应将液氮罐内部的液体介质排出并吹干，然后关闭所有阀门封存。

⑦ 容器上真空抽气嘴、安全阀的封条、铅封不能损坏。

⑧ 特别注意避免液氮与皮肤直接接触，装填液氮时应穿戴护具，切忌使用棉质手套。

2. 防爆冰箱

化学实验室中，许多化学试剂在常温时易挥发或者不稳定而易发生分解，因此必须在低温条件下保存。实验室中一般使用冰箱或冰柜，特别需要注意的是必须是专用的防爆冰箱。典型的防爆冰箱如图 3-26 所示。

使用防爆冰箱时应注意以下安全事项：

① 应放置在水平、平实坚固、通风良好、周边无热源、清洁干燥的地方。

② 严禁将易燃易爆品、气体钢瓶和杂物等堆放在防爆冰箱的附近。

③ 保存的样品必须密封包装，严禁将敞口容器盛放化学试剂或溶液放入冰箱中保存，防止试剂挥发或泄漏引发事故。

④ 防爆冰箱在使用一段时间后，内胆上会结上一层冰霜，过厚的冰霜会影响使用效果，超过 10mm 厚度应马上作除霜处理：关掉电源，打开箱门，取出产品，待温度回升，霜层浮起即可除去。切忌用锐器件铲除霜层，以免损坏内胆壁和蒸发器。

⑤ 禁止在防爆冰箱上部堆放杂物或封盖，否则将严重影响机组的冷热交换，导致性能降低、机组寿命缩短、烧毁等。

3. 低温冷却液循环泵

低温冷却液循环泵是采取机械形式制冷的低温液体循环设备，具有提供低温液体、低温水浴的作用，可与多种仪器相配套，制冷量大，冷却速度快，可极大地提高工作效率。典型的低温冷却液循环泵见图 3-27。

低温冷却液循环泵主要由循环泵和压缩机两部分组成，如图 3-28 所示。工作时先向泵体内注满水，在电动马达的高速转动下，带动水泵叶轮高速旋出。当泵内充满水时，叶轮旋转产生离心力，叶轮中心压力降低，水就在这个压差的作用下由吸水池流入叶轮，这样水泵就可以不断地吸水，不断地供水了。

图 3-26　典型的防爆冰箱

图 3-27　典型的低温冷却液循环泵

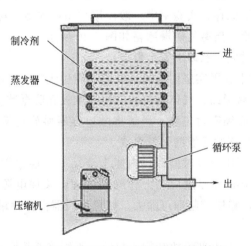
图 3-28　低温冷却液循环泵的内部结构

使用低温冷却液循环泵时应注意以下安全事项：

① 在使用低温冷却液循环泵之前在槽内应加入液体介质（纯水、酒精、防冻液亦可），介质液面应没过槽内制冷盘管，并低于工作台 20mm。

② 避免酸碱类的物质进入槽内腐蚀盘管以及内胆。

③ 仪器应安置于干燥通风处，仪器周围 300mm 内无障碍物。

④ 注意观察槽内液面高低，当液面过低时，应及时添加液体介质。

⑤ 低温冷却液循环泵工作温度较低时，应注意不要开启上盖，手勿伸入槽内，以防冻伤。

⑥ 液体外循环时，特别注意引出管连接处的牢固性，严防脱落，以免液体漏出。

⑦ 仪器应作好经常性清洁工作，长久不用时，应清空槽内的介质，并且擦拭干净，保持工作台面和操作面板的整洁。

⑧ 使用完毕，所有开关应置于关闭状态，切断电源。

第四章
实验室良好操作规范

实验室良好操作规范（Good Laboratory Practice，GLP），广义上是指严格实验室管理的一整套规章制度，包括对实验设计、操作、记录、报告、监督等整个环节和实验室的规范要求。GLP最早起源于药品研究，其后GLP的概念逐渐扩展到其他有毒有害物质（如农药、环境和食品污染物、工业毒物、射线等）的实验室安全性评价，以及各类健康相关产品（食品和保健食品、化妆品、涉水产品、消毒产品等）的实验室评价（包括安全性和功效学评价），甚至还包括了对临床实验室大部分检验工作的管理。目前，GLP的范围已经覆盖了与人类健康有关的所有实验室研究工作，并有进一步向与整个环境和生物圈有关的实验室研究工作扩展的趋势。

发达国家在20世纪60～70年代即开始正式发展和实施GLP。目前已实施GLP制度的有美国、日本、英国、德国、荷兰、瑞典和瑞士等国家。我国于20世纪80年代末和90年代初相继开展了药品和其他相关产品、毒物的GLP研究和实施工作。2000年1月卫生部发布《卫生部健康相关产品检验机构认定与管理规范》，2000年11月发布《化学品毒性鉴定管理规范》（包括化学品毒性鉴定实验室条件及工作准则，即GLP），2001年6月发布《化学品毒性鉴定机构资质认证工作程序》和《化学品毒性鉴定机构资质认证标准》。

对于承担不同产品或化学物检验的实验室的GLP，其内容和要求亦不完全相同，但GLP的基本原则、要求与内容是相似的。实施GLP的主要目的是提高实验室研究与检验工作的质量，确保实验数据和结果的真实性和可靠性。一般而言，GLP通常包括以下几个主要部分：对组织机构和人员的要求，对实验设施、仪器设备和实验材料的要求，标准操作规程（Standard Operating Procedures，SOP），对研究工作实施过程的要求，对档案及其管理工作的要求以及实验室资格认证及监督检查等内容。

第一节　实验室基本安全操作规范

一、实验室用水安全规范

实验用水主要用于溶解、稀释和配制溶液等。不同类型实验室对水的质量要求不同，水的质量直接影响到实验结果和仪器的使用期限。天然水和自来水中存在很多杂质，不能直接使用，必须将水经过纯化后才能使用。分析任务和实验要求不同，对水的纯度要求也不同，因此应根据实验要求合理地选用适当规格的实验用水。

水是化学实验室中使用最广泛的试剂，也是最廉价的溶剂和洗涤液，人们的生活、生产、科学研究都离不开它。实验目的和性质的不同，对实验室用水水质的要求也有所不同。对于一般性实验任务，采用蒸馏水或去离子水，就可满足实验要求。但对超纯物质的分析，则需要用纯度较高的"高纯水"。目前，实验室用水一般执行 GB/T 6682—2008 国家标准。该标准规定了实验室用水的技术指标、制备方法及检验方法。

(一) 实验室用水的质量要求

我国把实验室用水分为下列三级，我们通常使用三级水即可。

① 一级水用于有严格要求的分析试验，包括对悬浮颗粒有要求的试验，如高效液相色谱分析用水。一级水可用二级水经过石英设备蒸馏或交换混床处理后，再经 $0.2\mu m$ 微孔滤膜过滤来制取。

② 二级水主要应用于无机痕量分析等试验，如缓冲溶液、水质分析实验、滴定实验、颗粒分析用水、紫外光谱分析及原子吸收光谱分析用水；亦可用于食品微生物学检验，如微生物培养、组织培养、动物饮用水等。二级水可用多次蒸馏或离子交换等方法制取。

③ 三级水用于一般化学分析试验，可用蒸馏或离子交换等方法制取。

(1) 实验室用水规格

根据 GB 6682—2008《分析实验室用水规格和试验方法》，分析实验室用水应符合表 4-1 所列规格。

表 4-1　分析实验室用水的技术要求

名称		一级	二级	三级
pH 值的范围(25℃)		—	—	5.0~7.5
电导率(25℃)/(mS/m)	≤	0.01	0.10	0.50

名称		一级	二级	三级
可氧化物质(以 O 计)/(mg/L)	<	—	0.08	0.4
吸光度(254nm,1cm 光程)	≤	0.001	0.01	—
蒸发残渣(105℃±2℃)/(mg/L)	≤	—	1.0	2.0
可溶性硅(以 SiO₂ 计)/(mg/L)	<	0.01	0.02	—

注:1.由于在一级水、二级水的纯度下,难以测定其真实的 pH 值,因此对一级水、二级水的 pH 值范围不做规定;

2.由于在一级水的纯度下,难以测定可氧化物质和蒸发残渣,对其限量也不做规定,可用其他条件和制备方法来保证一级水的质量。

（2）影响纯水质量的因素

影响纯水质量的主要因素有三个:空气、容器、管路。

在实验室中制取纯水,不难达到纯度指标。但一经放置,特别是接触空气,其电导率会迅速下降。例如用钼酸铵法测磷及纳氏试剂法测氨,无论用蒸馏水或离子交换水,只要新制取的纯水都适用。一旦放置,空白值便显著增高,这主要由于来自空气和容器的污染。

玻璃容器盛放纯水可溶出某些金属及硅酸盐,有机物较少。聚乙烯容器所溶出的无机物较少,但有机物比玻璃容器略多。

纯水导出管,在瓶内部可用玻璃管,瓶外导管可用聚乙烯管,在最下端接一段乳胶管,以便配用弹簧夹。

（3）实验室用水的容器与储存

各级用水均使用密闭、专用聚乙烯容器。三级水也可以使用密闭的、专用玻璃仪器。新容器在使用前需用 20%HCl 溶液浸泡 2～3d,再用分析用水反复冲洗数次。

各级用水在储存期间,其沾污的主要来源是容器可溶性成分的溶解、空气中 CO_2 和其他杂质。因此,一级水不可储存,临用前制备。二级水、三级水可适量制备,分别储存于预先经同级水清洗过的相应容器中。

（4）实验室用水中残留的金属离子量

表 4-2 为各种方法制备的化验用水残留金属离子的含量。

表 4-2　各种方法制备的化验用水残留金属离子的含量　　单位:μg/L

残留元素	制备方法					
	自来水用金属制蒸馏器 2 次蒸馏	自来水用石英制蒸馏器 2 次蒸馏	蒸馏水用石英制蒸馏器 2 次蒸馏	自来水通过混床式离子交换柱	蒸馏水通过混床式离子交换柱	将反渗透水通过活性炭混床式离子柱、膜滤器
Ag	1	①	0.002		①	0.01
Al	10	0.5			0.1	0.1
B	0.01	①			①	3

残留元素	制备方法					
	自来水用金属制蒸馏器2次蒸馏	自来水用石英制蒸馏器2次蒸馏	蒸馏水用石英制蒸馏器2次蒸馏	自来水通过混床式离子交换柱	蒸馏水通过混床式离子交换柱	将反渗透水通过活性炭混床式离子柱、膜滤器
Ba			0.01	<0.006		
Ca	50	0.07	0.08	0.02	0.03	1
Cd			0.005			<0.1
Co				<0.002		<0.1
Cr	①	①	0.02	0.02	①	0.1
Cu	50	①	0.01	0.02	①	0.2
Fe	0.1	①	0.05	0.02	①	
K			0.09			
Mg	8	0.05	0.09	<0.02	0.01	0.5
Mn	0.01	①		<0.02	①	0.05
Mo				<0.02		<0.1
Na	1		0.06			1
Ni	1	①	0.02	0.002	①	<0.1
Pb	50	①	0.008	0.02	①	0.1
Si	50	5			1	0.5
Sn	5	①	0.02			<0.1
Sr			0.02	<0.06	①	
Te			0.004			
Ti	②	①			①	<0.1
Tl			0.01			
Zn	10	①	0.04	0.06	①	<0.1

注：①未检出；②检出未定量。

（二）实验室用水的质量检验

用于质量检验的各级水样量不得少于2L。水样应注满于清洁、密闭的聚乙烯容器内。取样时应避免沾污。各项实验必须在洁净的环境中进行，并应采取适当措施避免沾污。没有注明其他要求时，均使用分析纯和相应纯度的水。

（1）pH值检验

取水样10mL，加甲基红pH指示剂（变色范围为pH4.2~6.2）2滴，以不显红色为合格；另取水10mL，加溴百里酚蓝（变色范围pH6.0~7.6）5滴，不显蓝色为合格，也可以用精密 pH 试纸检查或用 pH 计测定其 pH 值。

（2）电导率的测定

电导率用电导仪测定用于一、二级水测定的电导仪，配备电极常数为 0.01～0.1cm^{-1} 的"在线"电导池，并具有温度自动补偿功能，若电导仪不具温度补偿功能，可装"在线"热交换器，使测量时水温控制在（25±1）℃。或记录水温度，按换算公式进行换算。用于三级水测定的电导仪，配备电极常数为 0.01～1cm^{-1} 的电导池，并具有温度自动补偿功能。若电导仪不具温度补偿功能，可装恒温水浴槽，使待测水样温度控制在（25±1）℃。或记录水温度，按换算公式进行换算。

当实测的各级水不是 25℃ 时，其电导率可按下式进行换算：

$$K_{25} = k_t (K_t - K_{p,t}) + 0.00548 \qquad (4\text{-}1)$$

式中　　K_{25}——25℃时水样的电导率，mS/m；

　　　　K_t——t 时水样的电导率，mS/m；

　　　　$K_{p,t}$——t 时理论纯水的电导率，mS/m；

　　　　k_t——换算系数；

0.00548——25℃时理论纯水的电导率，mS/m。

$K_{p,t}$ 和 k_t 可从表 4-3 中查出。

表 4-3　理论纯水的电导率和换算系数

t/℃	k_t	$K_{p,t}$/(mS/m)	t/℃	k_t	$K_{p,t}$/(mS/m)	t/℃	k_t	$K_{p,t}$/(mS/m)
0	1.7975	0.00116	17	1.1954	0.00349	34	0.8475	0.00861
1	1.755	0.00123	18	1.1679	0.0037	35	0.835	0.00907
2	1.7135	0.00132	19	1.1412	0.00391	36	0.8233	0.0095
3	1.6728	0.00143	20	1.1155	0.00418	37	0.8126	0.00994
4	1.6329	0.00154	21	1.0906	0.00441	38	0.8027	0.01044
5	1.594	0.00165	22	1.0667	0.00466	39	0.7936	0.01088
6	1.5559	0.00178	23	1.0436	0.0049	40	0.7855	0.01136
7	1.5188	0.0019	24	1.0213	0.00519	41	0.7782	0.01189
8	1.4825	0.00201	25	1	0.00548	42	0.7719	0.0124
9	1.447	0.00216	26	0.9795	0.00578	43	0.7664	0.01298
10	1.4125	0.0023	27	0.96	0.00607	44	0.7617	0.01351
11	1.3788	0.00245	28	0.9413	0.0064	45	0.758	0.0141
12	1.3461	0.0028	29	0.9234	0.00674	46	0.7511	0.01464
13	1.3142	0.00276	30	0.9065	0.00712	47	0.7532	0.01521
14	1.2831	0.00292	31	0.8904	0.00749	48	0.7521	0.01582
15	1.253	0.00312	32	0.8753	0.00784	49	0.7518	0.0165
16	1.2237	0.0033	33	0.861	0.00822	50	0.7525	0.01728

一、二级水的电导测量，是将电导池装在水处理装置流动出水口处，调节水的流速，赶净管道及电导池内的气泡，即可进行测量。三级水的电导测量，是取400mL 水样于锥形瓶中，插入电导池后即可进行测量。

（3）可氧化物质限量试验

量取 1000mL 二级水，注入烧杯中，加入 5.0mL20％硫酸溶液，混匀。量取 200mL 三级水，注入烧杯中，加入 1.0mL 20％硫酸溶液，混匀。在上述已酸化的试液中，分别加入 1.00mL 0.01mol/L（1/5KMnO₄）标准溶液，混匀，盖上表面皿，加热至沸并保持 5min，溶液的粉红色不得完全消失。

（4）吸光度的测定

将水样分别注入厚度为 1cm 和 2cm 石英吸收池中，在紫外可见分光光度计上，于波长 254mm 处，以 1cm 吸收池中水样为参比，测定 2cm 吸收池中水样的吸光度。如仪器的灵敏度不够时，可适当增加测量吸收池的厚度。

（5）蒸发残渣的测定

量取 1000mL 二级水（三级水取 500mL）。将水样分几次加入旋转蒸发器的500mL 蒸馏瓶中，于水浴上减压蒸发（避免蒸干）。待水样最后蒸至约 50mL时，停止加热。将上述预浓集的水样转移至一个已于（105±2）℃恒重的玻璃蒸发皿中，并用 5～10mL 水样分 2～3 次冲洗蒸馏瓶，将洗液与预浓集水样合并，于水浴上蒸干，并在（105±2）℃的电烘箱中干燥至恒重。残渣质量不得大于 1.0mg。

（6）可溶性硅的限量试验

量取 520mL 一级水（二级水取 270mL），注入铂皿中。在防尘条件下，亚沸蒸发至约 20mL 时停止加热。冷至室温，加入 1.0mL 50g/L 钼酸铵溶液，摇匀。放置 5min 以后，加 1.0mL 50g/L 草酸溶液，稀释至刻度，摇匀。放置1min 后，加 1.0mL 2g/L 对甲氨基酚硫酸盐溶液，摇匀。转至 25mL 比色管中，稀释至刻度，摇匀，于 60℃水浴中保温 10min。目视比色，试液的蓝色不得深于标准。标准是取 0.50mL 二氧化硅标准溶液（0.01mg/mL）加入 20mL 水样后，从加 1.0mL 钼酸铵液起与样品试液同时同样处理。

50g/L 钼酸铵溶液：称取 5.0g 钼酸铵 [（NH₄）₆Mo₇O₂₄·4H₂O]，加水溶解，加入 20.0mL 20％硫酸溶液，稀释至100mL，摇匀储于聚乙烯瓶中。发现有沉淀时应弃去。

2g/L 对甲氨基酚硫酸盐（米吐尔）溶液：称取 0.20g 对甲氨基酚硫酸盐，溶于水，加 20.0g 焦亚硫酸钠，溶液并稀释至 100mL。摇匀，储于聚乙烯瓶中。避光保存，有效期两周。

50g/L 草酸溶液：称取 5.0g 草酸，溶于水并稀释至100mL。储于聚乙烯瓶中。

(三) 特殊要求的实验室用水的制备

(1) 无氯水

加入亚硫酸钠等还原剂将自来水中的余氯还原为氯原子，以 N-二乙基对苯二胺（DPD）检查不显色。用附有缓冲的全玻璃蒸馏器（以下各项中的蒸馏均同此）进行蒸馏制取。取实验用水 10mL 于试管中，加 $2\sim3$ 滴（1+1）硝酸、$2\sim3$ 滴 0.1mol/L 硝酸银溶液，混匀，不得有白色浑浊出现。

(2) 无氨水

向水中加入硫酸至其 pH 值小于 2，使水中各种形态的氨或胺最终都变成不挥发的盐类，用全玻蒸馏器进行蒸馏，即可制得无氨纯水（注意避免实验室空气中含氨的重新污染，应在无氨气的实验室中进行蒸馏）。

(3) 无二氧化碳水

煮沸法，即将蒸馏水或去离子水煮沸至少 10min（水多时），或使水量蒸发 10% 以上（水少时），加盖放冷即可制得无二氧化碳纯水。曝气法，即将惰性气体或纯氮通入蒸馏水或去离子水至饱和，即得无二氧化碳水。制得的无二氧化碳水应储存于一个附有碱石灰管的橡胶塞盖严的瓶中。

(4) 无砷水

一般蒸馏水或去离子水多能达到基本无砷的要求。应注意避免使用软质玻璃（钠钙玻璃）制成的蒸馏器、树脂管和储水瓶。

(5) 无铅（无重金属）水

用氢型强酸性阳离子交换树脂柱处理原水，即可制得无铅（无重金属）的纯水。储水器应预先进行无铅处理，用 6mol/L 硝酸溶液浸泡过夜后以无铅水洗净。

(6) 无酚水

加碱蒸馏法，即加入氢氧化钠至水的 pH 值 >11（可同时加入少量高锰酸钾溶液使水呈紫红色），使水中酚生成不挥发的酚钠后进行蒸馏制得。活性炭吸附法，即将粒状活性炭加热至 $150\sim170^{\circ}\text{C}$ 烘烤 2h 以上进行活化，放入干燥器内冷却至室温后，装入预先盛有少量水（避免碳粒存留气泡）的层析柱中，使蒸馏水或去离子水缓慢通过柱床，按柱容量大小调节其流速，一般以每分钟不超过 100mL 为宜。开始流出的水（略多于装柱时预先加入的水量）须再次返回柱中，然后正式收集。此柱所能净化的水量，一般约为所用碳粒表观容积的 1000 倍。

(7) 不含有机物的蒸馏水

加入少量的高锰酸钾的碱性溶液于水中，使呈红紫色，再以全玻璃蒸馏器进行蒸馏即得。在整个蒸馏过程中，应始终保持水呈红紫色，否则应随时补加高锰酸钾。

（8）pH≈7 的高纯水

在第一次蒸馏时，加入 NaOH 和 KMnO$_4$，第二次蒸馏加入磷酸（除 NH$_3$），第三次用石英蒸馏器蒸馏（除去痕量碱金属杂质）。在整个蒸馏过程中，要避免水与大气直接接触。

（四）实验室用水的制备方法

天然水和自来水存在很多杂质，如 Na$^+$、K$^+$、Ca^{2+}、Mg^{2+}、Fe^{3+} 等阳离子，CO$_3^{2-}$、SO$_4^{2-}$、Cl$^-$ 等阴离子和某些有机物质，以及泥沙、细菌、微生物等，不能直接用于分析检验工作。必须根据分析检验的要求将水纯化后才能使用。

纯水的制备是将原水中可溶性和非可溶性杂质全部除去的水处理方法。制备纯水的方法很多，通常多用蒸馏法、离子交换法、亚沸蒸馏法和电渗析法。

1. 蒸馏法

普通分析，用一次蒸馏水即可。

实验室中制取蒸馏水多用内阻加热蒸馏设备或硬质玻璃蒸馏器。制取高纯水，则需用银质、金质、石英或聚四氟乙烯蒸馏器。近年来常用的是新型石英亚沸蒸馏器（图 4-1），特别适合于制备高纯水。其特点是在液面上方加热，使液面始终处于亚沸状态，可将水蒸气带出的杂质减至最低。该装置还适用于制备高纯酸（如 HCl、HNO$_3$ 等）和氨水。

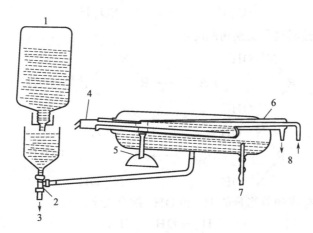

图 4-1　透明石英亚沸蒸馏器

1—加料瓶；2—三通活塞；3—排水管；4—红外线加热器；5—蒸馏液出口处；
6—冷凝器；7—溢出口；8—冷却水

制备蒸馏水时，最初蒸馏出的约 200mL 水弃去，蒸至剩下 $\frac{1}{4}$ 原体积的水时停止蒸馏，只收集中间的馏分。蒸馏一次的水为普通蒸馏水，用来洗涤一般的玻璃仪器和配制普通实验溶液。蒸馏两次或三次的称为二次或三次蒸馏水，用于要求较高的实验。但是，实践表明，太多次地重复蒸馏无助于水质的进一步提高。这是因为水质会受到低沸点杂质、空气中的二氧化碳、器皿的溶解性等诸多因素的影响。

事实上，绝对纯的水是不存在的。水的价格也随水质的提高成倍地增长。不应盲目地追求水的纯度。在实验工作中，往往根据实际工作的需要，制备一些特殊要求纯水。例如在进行二次蒸馏时，加入适当的试剂可抑制某些杂质的挥发：加入甘露醇可抑制硼的挥发，加入碱性高锰酸钾可破坏有机物和抑制二氧化碳逸出。

2. 离子交换法

用离子交换法制备的纯水称为去离子水。它是利用阴、阳离子交换树脂上的 OH^- 和 H^+ 分别与溶液中其他阴、阳离子交换的能力制备的。其交换反应如下：

通过强酸性阳离子交换树脂时：

$$R \begin{matrix} SO_3^-H^+ \\ \\ SO_3^-H^+ \end{matrix} + M^{2+} \longrightarrow R \begin{matrix} SO_3^- \\ \\ SO_3^- \end{matrix} M^{2+} + 2H^+$$

$$R \begin{matrix} SO_3^-H^+ \\ \\ SO_3^-H^+ \end{matrix} + M^+ \longrightarrow R \begin{matrix} SO_3^-M^+ \\ \\ SO_3^-H^+ \end{matrix} + H^+$$

通过强碱性阴离子交换树脂时：

$$R \begin{matrix} N^+OH^- \\ \\ N^+OH^- \end{matrix} + A^{2-} \longrightarrow R \begin{matrix} N^+ \\ \\ N^+ \end{matrix} A^{2-} + 2OH^-$$

$$R \begin{matrix} N^+OH^- \\ \\ N^+OH^- \end{matrix} + A^- \longrightarrow R \begin{matrix} N^+A^- \\ \\ N^+OH^- \end{matrix} + OH^-$$

两次交换生成的等当量的 H^+ 和 OH^- 结合成水：

$$H^+ + OH^- \rightarrow H_2O$$

就这样把水中的杂质离子交换掉，达到纯化水的目的。用这个方法能制取高纯度的水。

采用此法的优点在于制备的水量大、成本低、除去离子的能力强；缺点在于设备及操作较复杂，不能除去非电解质（如有机物）杂质，而且尚有微量树脂溶在水中。目前实验室、工厂都广泛应用此法。在市场上有小型的"离子交换纯水器"出售，可供实验室使用。现将其操作方法简单介绍如下。

（1）树脂的选择及装柱

用离子交换法制取纯水，有两种离子交换树脂：一种是阳离子交换树脂，一般采用强酸性阳离子交换树脂；另一种是阴离子交换树脂，一般采用强碱性阴离子交换树脂。树脂的粒度在16~50目均可。

如果市售的阳离子交换树脂是氢型，阴离子交换树脂是氢氧型，那么树脂经反复漂洗，除去其中的色素、水溶性杂质、灰尘等后装入交换柱即可使用。如果分别为钠型和氯型，应处理转化为氢型和氢氧型后才能使用。

处理方法：

① 漂洗。将新树脂放入盆中，用自来水（或普通水）反复漂洗，除去其中的色素、水溶性杂质、灰尘等，直至洗出液不混浊为止，并用蒸馏水浸泡24h。

② 醇浸泡。当蒸馏水中无明显混悬物时，将水排尽，加入95%乙醇浸没树脂层，搅拌摇匀浸泡24h，以除去醇溶性杂质。将乙醇排尽，再用自来水洗至无色、无醇味为止。

③ 酸碱反复处理。阳离子交换树脂，加入7%盐酸，没过树脂，放置2~3h，将盐酸排尽，用水洗至pH为3~4止。再用8%氢氧化钠按上述方法操作，用水洗至pH为9~10止。再用7%盐酸浸泡4h，不时搅拌，浸泡完之后，将盐酸排尽，用蒸馏水反复洗至pH约为4止。阴离子交换树脂，加入8%氢氧化钠，操作方法同阳离子交换树脂，洗至pH为9~10止。再用7%盐酸，同上述方法操作，洗至pH为3~4。再用8%氢氧化钠浸泡4h，不时搅拌，浸泡完之后，将氢氧化钠排尽，用蒸馏水洗至pH约为8止。

经过处理的新树脂，就可以装入交换柱内。但交换柱在装入树脂之前，必须用铬酸洗涤液泡4h，以除去杂质和油污，然后用自来水冲洗，再用去离子水冲洗干净，即可装入树脂。交换柱中先注水半柱，将树脂和水一起倒入柱中。装柱时应注意，柱中水不能漏干，否则树脂间会形成空气泡，影响交换量和流速。

树脂用量按体积计算，一般阴离子交换树脂为阳离子交换树脂的1.5~2倍。树脂的装柱高度以柱直径的4~5倍为宜。交换柱有几种连接方式。一般的连接方式是：强酸性阳离子交换树脂柱→强碱性阴离子交换树脂柱→混合树脂柱。装好后即可产生去离子水。

（2）树脂的再生（转型）

树脂的再生与处理方法基本相同。再生方法有两种：即动态再生和静态再生。它们大体分四个过程：逆洗→再生→洗涤→运行。

① 逆洗。即水从交换柱底部进入，从上面排出，其目的是将被压紧的树脂层抖松，排除树脂碎粒及其他杂质等，以利于再生。逆流时间一般为30min，以洗出水不浑浊、清澈透明为合格。逆洗混合柱的时间要长一些，使阴阳离子交换

树脂分开。如果分不开，可将混合树脂倒入 20％的氯化钠溶液中，利用阴阳离子交换树脂相对密度不同将它们分开。阴离子交换树脂浮在溶液上面，阳离子交换树脂沉在底部。分开以后再按处理阴阳离子交换树脂柱同样过程处理。

② 再生。对于逆洗后的阳离子交换树脂柱，用 5％～7％的盐酸溶液从柱的顶部注入，缓缓流经阴离子交换树脂（流速约 50～60mL/min），直到检查流出液中酸的浓度与加进去的酸的浓度差不多时为止（约 1h）。对于逆洗后的阴离子交换树脂柱，用 6％～8％的氢氧化钠溶液，从柱的顶部注入，缓缓流经阴离子交换树脂（流速约 50～60mL/min），直到检查流出液中碱的浓度与加进去的碱的浓度差不多时为止（约 1.5h）。

③ 洗涤。交换柱经再生之后，须将柱中多余的再生剂淋洗干净。阳离子交换柱的淋洗用去离子水。开始时的流速同再生流速，待柱中大部分酸被替换处理后，流速可加快至 80～100mL/min。淋洗终点可用 pH 试纸检查，洗至 pH＝3～4 为终点（或用水质纯度仪，测得比较恒定的比电阻为终点），也可用其他方法控制终点。阴离子交换柱用去离子水（或用通过阳离子交换树脂的水）淋洗，待柱中大部分碱液被替换出后，洗速可加速至 80～100mL/min。淋洗终点可用 pH 试纸检查，洗至 pH＝8～9 为止，或用酚酞指示液显微红色为止。也可用水质纯度仪，当测得比较恒定的比电阻时即为终点。

④ 运行生产去离子水：淋洗好的交换柱按阳离子交换柱→阴离子交换柱→混合交换柱串联起来，接通水源，水从每个交换柱的顶部注入，生产去离子水。

如果是用小型柱制备去离子水，可参照上述步骤以静态再生，然后装柱再按动态步骤淋洗到合格的去离子水为止。

（3）注意事项

① 离子交换树脂一般可反复再生使用数年仍有效，但在使用时树脂的温度不得超过 50℃，也不宜长时间与高浓度的强氧化剂接触，否则会加速树脂的破坏，缩短离子交换树脂使用时间。

② 在处理离子交换树脂时，每一步骤都必须严格按照所规定的条件进行，特别要注意控制其流速及各个步骤的 pH 值，流速不能太快。常用 pH 试纸误差较大，在受潮后更不准确。因此要用干燥的 pH 试纸检查，也可用酸度计进行复查。

③ 树脂长期使用后部分受到污染或中毒等情况，可用 20％氯化钠溶液浸泡12h，并按新树脂处理：醇浸泡、酸碱反复处理1～2 次，然后转型即可消除污染等情况。如果树脂中含有铁、钙会使出水期不合格。为此，在用酸处理到用0.1mol/L 硫氰酸铵检查不显红色及无钙反应为止。

④ 要制备高质量的去离子水，对水源的选择是极为重要的。一般来说，水中无机物杂质含量：盐碱地水＞井水（或泉水）＞自来水＞河水＞塘水＞雨水。有机物杂质含量：塘水＞河水＞井水（或泉水）＞自来水。如果水源浑浊可加0.002％明矾或少许聚合氯化铝使水澄清，最好经砂滤后再进入交换柱。

3. 电渗析法

电渗析法是在离子交换技术的基础上发展起来的一种方法。它是在外电场的作用下，利用阴、阳离子交换膜对溶液中离子选择性透过而使溶液和溶质分离，从而达到净化水的目的。

电渗析法与离子交换法相比具有设备和管理简单、不需用酸碱再生的优点，有较大实用价值。其缺点是在水的纯度提高后，水的导电率就逐渐降低，如继续增高电压，就会迫使水分子电离为 H^+ 和 OH^-，使得大量的电耗在水的电离上，水质却提高得很少。因此，目前，也有将电渗析法与离子交换法结合起来制备纯水的，即先用电渗析法把水中大量离子除去后，再用离子交换法除去少量离子，这样制得的纯水（已达 $5 \times 10^6 \sim 10 \times 10^6 \Omega \cdot cm$），不仅纯度高，而且有如下优点：①不需用酸碱再生；②易于设备化，易于搬迁，灵活性大，可以置于生产用水设备旁边，就地取纯水使用；③系统简单，操作方便。具体原理如图 4-2 所示。

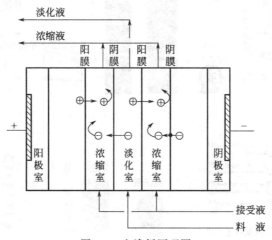

图 4-2　电渗析原理图

电渗析法原理：由于水分子是极性较大的分子，它本身就能形成氢键，形成水合氢离子，同时也能与其他电负性大的电解质（如酸、碱、盐）分子形成氢键发生水合作用。在水分子极性作用下与电解质分子相互作用，使电解质分解成正、负离子，如：

$$NaCl \longrightarrow Na^+ + Cl^-$$
$$CaSO_4 \longrightarrow Ca^{2+} + SO_4^{2-}$$

当水中溶解有以上这些电解质后，水就变成能导电的溶液，且这些离子浓度愈高，溶液的导电性就愈强（即溶液的电阻率愈小），电渗析过程正是利用这一原理来制备纯水的。

当原水进入电渗析器时，将电渗析器的电极接上电源，水溶液即发生导电，水中离子由于电场作用发生迁移，阳离子向负极运动，阴离子向正极运动。由于电渗析器两极间设置了多组交替排列的阴、阳离子交换膜，阳离子交换膜产生了强烈的负电场，溶液中的阴离子受排斥，而阳离子被膜吸附，在外电场作用下向负极方向传递交换并透过阳离子交换膜。阴离子交换膜产生了强烈的正电场，溶液中的阳离子受排斥，而阴离子被膜吸附，在外电场作用下向正极方向传递交换并透过阴离子交换膜，这样就形成了称为淡水室的去离子区和称为浓水室的浓聚离子区（在电极区域则称为极水室）。在电渗析器内，淡水室和浓水室多组交替地排列，水经过电渗析器的淡水室并从其中流出，即得纯水（除盐水）。

4. 反渗透法

通过加压使水渗透过极微小的渗透膜，95％～99％的其他溶解或非溶解物质均无法通过渗透膜。其原理如图 4-3 所示。

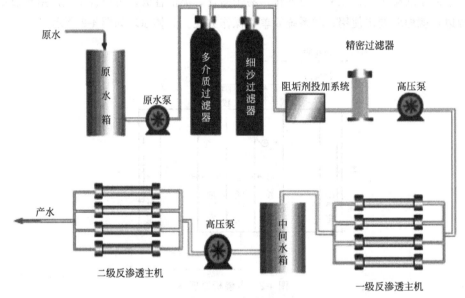

图 4-3　反渗透原理

逆渗透膜的孔径仅 0.0001μm 左右（细菌 0.4～1.0μm，病毒 0.02～0.4μm），能除去大量的不纯物质，如无机离子和多数有机化合物、微生物和病毒等，但仍有少量残留。一些更微小的离子如硝酸根及溶解氯，还是不能有效地除掉。

目前，国内外厂商已先后推出了多种纯水、超纯水设备，可供选用。这些设备整合了离子交换、反渗透、超滤和超纯去离子等技术，能达到实验室对水纯度的要求，具有操作简便、设备简单、出水量大等优点，可广泛应用于不同要求的分析工作。

（五）实验室中用水注意事项

漏水，是安全用水的一个最严重的问题，可能会发生在实验室自来水系统。

漏水分二种，一般开始缓慢滴水，若发现不及时或不及时进行维修，漏水就会造成很严重的后果。第二种漏水一般是因一个系统组件的严重故障（管、阀、自动的切断开关或排水管泄漏），不及时发现，尤其是实验室无人的情况下，就可能发生大量水泄漏。为避免这类安全隐患，需做到以下几点：

① 实验室的上、下水道必须保持通畅。师生或员工应了解实验室自来水总阀的位置，当漏水时，立即关闭总阀。

② 实验室要杜绝自来水龙头打开而无人监管的现象。

③ 要定期检查上下水管路、化学冷却冷凝系统的橡胶管等，避免发生因管路老化等情况所造成的漏水事故。

④ 冬季做好水管的保暖和放空工作，防止水管受冻爆裂。

另外，实验室用水如果使用不当，容易与电接触，造成麻烦。针对上行水和下行水出现的故障，比如水龙头或水管漏水、下水道排水不畅时，应及时修理和疏通；冷却水的输水管必须使用橡胶管，不得使用乳胶管，上水管与水龙头的连接处及上水管、下水管与仪器或冷凝管的连接处必须用管箍夹紧，下水管必须插入水池的下水管中。

二、实验室气体安全规范

1. 实验室常用气体

（1）实验室常用气体的分类

① 压缩气体。临界温度低于−10℃的气体经加高压压缩后，仍处于气态者称为压缩气体，如氧气、氮气、氢气、空气、氩气、氦气等。这类气体钢瓶的设计压力应大于12MPa（125kgf/cm²），称为高压气瓶。

② 液化气体。临界温度≥10℃的气体经高压压缩，转为液态并与其蒸气处于平衡状态者称为液化气体，如二氧化碳、氧化亚氮、氨气、氯气、硫化氢。临界温度在−10～70℃者称为高压液化气体，如二氧化碳、氧化亚氮；临界温度高于70℃，且在60℃时饱和蒸气压大于0.1MPa的，称为低压液化气体，如氨气、氯气、硫化氢。

③ 溶解气体。单纯加高压压缩可能产生分解、爆炸等危险的气体，必须在加高压的同时，将其溶解于适当溶剂中，并由多孔性固体填充物所吸收。在10℃以下压力达0.2MPa以上者称为溶解气体。气体按化学性质可分为：可燃气体（氢气、乙炔、丙烷、石油气等）、助燃气体（氧气、氧化亚氮等）、不燃气体（氮气、二氧化碳等）、惰性气体（氮气、氖气、氩气等）和剧毒气体（氟气、氯气等）。

（2）几种压缩可燃气和助燃气的性质和安全处理

① 乙炔。乙炔熔点为−84℃，沸点−80.8℃，闪点为−17.78℃，自燃点为305℃，是极易燃烧、爆炸的气体。乙炔气瓶是将颗粒活性炭、木炭、石棉或硅藻土等多孔性物质填充在钢瓶内，再将丙酮掺入，再通入乙炔使之溶解于丙酮

中，直至 15℃ 时压力达 1.52MPa（15.5kgf/cm^2）。

乙炔是极易燃烧、爆炸的气体。含有 7％～13％ 乙炔的乙炔-空气混合物和含有大约 30％ 乙炔的乙炔-氧气混合物最易爆炸。在未经净化的乙炔内可能含有少量的磷化氢。磷化氢的自燃点很低，气态磷化氢（PH$_3$）在 100℃ 时就会自燃，而液态磷化氢甚至不到 100℃ 就会自燃。因此，当乙炔中含有空气时，有磷化氢存在时就可能构成乙炔-空气混合气的起火爆炸。乙炔和铜、银、汞金属或盐接触，会生成乙炔铜（Cu$_2$C$_2$）和乙炔银（Ag$_2$C$_2$）等易爆炸物质。因此，凡供乙炔用的器材（管路或零件）都不能使用银或铜的合金。乙炔和氯、次氯酸盐等化合物相遇会发生燃烧和爆炸。因此，乙炔燃烧着火时，绝对禁止使用四氯化碳灭火器。原子吸收法使用乙炔时，要注意预防回火，管路上应装阻止回火器（阀）。在开启乙炔气瓶之前，要先供给燃烧器足够的空气，再供乙炔气。关气时，要先关乙炔气，后关空气。在管理中应遵守以下有关安全要求：

a. 在使用、运输、储存时，环境温度不得超过 40℃。

b. 使用时必须装设专用减压器、回火防止器，工作前必须检查是否好用，否则禁止使用；开启时，操作者应站在阀门的侧后方，动作要轻缓。

c. 使用压力不超过 0.05MPa，输气流量不应超过 1.5～2.0m^3/h。

d. 使用时要注意固定，防止倾倒，严禁卧放使用，对已卧放的乙炔瓶，不准直接开气使用，使用前必须先立牢静止 15min 后，再接减压器使用。禁止敲击、碰撞等粗暴行为。

e. 严禁铜、银、汞及其制品与乙炔接触，与乙炔接触的铜合金器具含铜量须得高于 70％。

f. 使用中的乙炔瓶内气体不得用尽，剩余压力应符合安全要求：当环境温度 ＜0℃ 时，压力应不低于 0.05MPa；当环境温度为 25～40℃ 时，应不低于 0.3MPa。

g. 乙炔瓶在使用现场储量不得超过 5 瓶，储存乙炔瓶时，乙炔瓶应直立，并必须采取防止倾斜的措施。严禁与氯气、氧气瓶及其他易燃易爆物同间储存。

h. 乙炔气瓶阀出口处必须配置专用的减压器和回火防止器。正常使用时，减压器指示的放气压力不得超过 0.15MPa，放气流量不得超过 0.05m^3/(h·L)。

② 氢气。氢气为易燃气体。因其密度小，易从微孔漏出，而且它的扩散速度快，易与其他气体混合。氢气和空气混合气的爆炸极限是：空气中含氢量为 4.1％～7.5％（体积分数）。其燃烧速度比碳氢化合物气体快。常温、常压下燃烧速度约为 2.7m/s。检查氢气导管、阀门是否漏气时，必须采用肥皂水检查法，绝对不能以明火检查。存放氢气气瓶处要严禁烟火。

在使用中应注意以下事项：

a. 实验室必须具有良好的通风，保证空气中氢气最高含量不超过体积的 1％。

b.禁止敲击、碰撞，不得靠近热源和明火，应保证气瓶瓶体干燥。

c.必须使用专用的氢气减压阀，开启气瓶时，操作者应站在阀口的侧后方，动作要轻缓。

d.瓶内气体严禁用尽，应保留 2MPa 以上的余压。

③ 氧化亚氮。氧化亚氮也称笑气，具有麻醉兴奋作用，因此使用时要特别注意通风。

液态氧化亚氮在 20℃时的蒸气压约 5MPa（50kgf/cm²）。氧化亚氮受热分解为氧和氮的混合物，是助燃性气体。原子吸收法进行高熔点或难熔盐化合物的元素测定时，需要氧化亚氮-乙炔火焰以获得较高的温度，其反应为：

$$5N_2O \longrightarrow 5N_2 + 5/2O_2$$
$$C_2H_2 + 5/2O_2 \longrightarrow 2CO_2 + H_2O(g)$$

在上述过程中氧化亚氮分解为含氧 33.3% 的混合物，乙炔即借其中的氧燃烧。在氧化亚氮-乙炔火焰中发生的反应比一般火焰要复杂。燃烧时，千万要注意防止从原子吸收分光光度计的喷雾室的排水阀吸入空气，否则会引起爆炸。

④ 氧气。氧气是强烈的助燃气体，纯氧在高温下尤其活泼。当温度不变而压力增加时，氧气可和油类物质发生剧烈的化学反应而引起发热自燃，产生爆炸。例如，工业矿物油与 3MPa 以上气压的氧气接触就能发生自燃。因此，氧气瓶一定要严防同油脂接触，减压器及阀门绝对禁止使用油脂润滑。氧气瓶内绝对不能混入其他可燃性气体，或误用其他可燃气体气瓶来充灌氧气。氧气气瓶一般是在 20℃、15MPa 气压条件下充灌的。氧气气瓶的压力会随温度而增高，因此要禁止气瓶在强烈阳光下曝晒，以免瓶内压力过高而发生爆炸。

2.气体钢瓶的安全使用规范

（1）气瓶与减压阀

气瓶是高压容器，瓶内装有高压气体，还要承受搬运、滚动等外界的作用力。因此，对其质量要求严格，材料要求高，常用无缝合金或锰钢管制成的圆柱形容器。气瓶壁厚 5～8mm，容量 12～55m³ 不等。底部呈半球形，通常还装有钢制底座，便于竖放。气瓶顶部有启闭气门（即开关阀），气门侧面接头（支管）上连接螺纹。用于可燃气体的应为左旋螺纹，非可燃气体的为右旋螺纹。这是为杜绝把可燃气体压缩到盛有空气或氧气的钢瓶中去的可能性，以及防止偶然把可燃气体的气瓶连接到有爆炸危险的装置上去的可能性。

由于气瓶内的压力一般很高，而使用所需压力往往较低，单靠启闭气门不能准确、稳定地调节气体的放出量。为了降低压力并保持稳定压力，就需要装上减压器。不同工作气体有不同的减压器。不同的减压器，外表涂以不同颜色加以标识，与各种气体的气瓶颜色标志一致。必须注意的是用于氧气瓶的减压器可用于装氮或空气的气瓶上，而用于氮气瓶的减压器只有在充分洗除油脂之后，才可用于氧气瓶上。

在装载减压器时，必须注意防止支管接头上丝扣滑牙，以免装旋不牢而漏气或被高压射出。卸下时要注意轻放，妥善保存，避免撞击、振动，不要放在有腐蚀性物质的地方，并防止灰尘落入表内以致阻塞失灵。每次气瓶使用完后，先关闭气瓶气门，然后将调压螺杆旋松，放尽减压器内的气体。若不松开调压螺旋，则弹簧长期受压，将使减压器压力表失灵。

（2）高压气瓶的颜色和标志

各种气体钢瓶的瓶身必须按规定漆上相应的标志色漆，见表4-4。并用规定颜色的色漆写上气瓶内容物的中文名称，画出横条标志。每个气瓶肩部都有钢印标记，标明制造厂、气瓶编号、设计压力、制造年月等。气瓶必须定期作抗压试验，由检验单位打上钢印。

表4-4　高压气瓶的颜色和标志

气瓶名称	表面涂料颜色	字样	字样颜色	横条颜色	气瓶名称	表面涂料颜色	字样	字样颜色	横条颜色
氧气瓶	天蓝	氧	黑	—	氯气瓶	草绿	氯	白	白
氢气瓶	深绿	氢	红	红	氨气瓶	棕	氨	白	—
氮气瓶	黑	氮	黄	棕	氖气瓶	褐红	氖	白	—
氩气瓶	灰	氩	绿	—	丁烯气瓶	红	丁烯	黄	黑
压缩空气瓶	黑	压缩气体	白	—	氧化亚氮气瓶	灰	氧化亚氮	黑	—
石油气体瓶	灰	石油气体	红	—	环丙烷气瓶	橙黄	环丙烷	黑	—
硫化氢气瓶	白	硫化氢	红	红	乙烯气瓶	紫	乙烯	红	—
二氧化硫气瓶	黑	二氧化硫	白	黄	乙炔气瓶	白	乙炔	红	—
二氧化碳气瓶	黑	二氧化碳	黄	—	氟氯烷气瓶	铝白	氟氯烷	黑	—
光气瓶	草绿	光气	红	红	其他可燃性气瓶	红	（气体名称）	白	—
氨气瓶	黄	氨	黑	—	其他非可燃性气瓶	黑	（气体名称）	黄	—

（3）实验室气体钢瓶管理存在的隐患

实验室气体钢瓶安全事故时有发生，主要原因可归于以下几个方面：

① 气体钢瓶没有醒目标志，甚至出现以专用气瓶盛装其他气体的现象。

② 忽略了有些气体混合在一起会发生反应，反应剧烈甚至会产生爆炸。如乙炔与氧气、氢气与氧气、氯气与乙炔等。

③ 对气瓶的安全使用规范操作重视不够，对气体钢瓶的使用未能正确掌握。

④ 实验室防爆设施不健全。如通风不良、气瓶带静电、气瓶泄漏等问题，未及时处理而存在安全隐患。

⑤ 气瓶管理规章制度不健全。管理人员责任分工不明确，缺少专人监督和处理，导致一些问题无人发现，出了问题也无法及时处理，因而存在安全隐患。如气瓶附件丢失、气瓶气体泄漏、气瓶的残存气体及空瓶处理等都需要有专人经常检查处理。

（4）气体钢瓶的运输

气瓶在运输或搬运过程易受到震动和冲击，可能造成瓶阀撞坏或碰断而造成安全事故。为确保气瓶在运输过程中的安全，气瓶的运输时注意以下几点：

① 装运气瓶的车辆应有"危险品"的安全标志，气瓶必须配气瓶帽、防震圈，当装有减压器时应拆下，气瓶帽要拧紧，防止瓶阀摔断造成事故。

② 气瓶应直立向上装在车上，妥善固定，防止倾斜、摔倒或跌落，车厢高度应在瓶高的三分之二以上。

③ 所装介质接触能引燃爆炸、产生毒气的气瓶，不得同车运输。易燃品、油脂和带有油污的物品，不得与氧气瓶或强氧化剂气瓶同车运输。

④ 搬运气瓶时，要旋紧瓶帽，以直立向上的位置来移动，注意轻装轻卸，禁止从钢瓶的安全帽处提升气瓶。近距离（5m内）移动气瓶，应用手扶瓶肩转动瓶底，并且要使用手套。移动距离较远时，应使用专用小车搬运，特殊情况下可采用适当的安全方式搬运。

3. 防爆常识

有些化学品在外界的作用下（如受热、受压、撞击等），能发生剧烈化学反应，瞬时间产生大量的气体和热量，使周围压力急剧上升，发生爆炸。有些气体本身易燃，属易燃品，若再与空气或氧气混合，遇明火就会爆炸，变得更加危险，存放与使用时要格外小心。表4-5中列出了气体在空气中爆炸极限（可燃性极限）。

表 4-5　可燃气体、蒸汽与空气混合时的爆炸极限（可燃性极限）

单位：%（体积分数）

物质名称及分子式	爆炸下限	爆炸上限	物质名称及分子式	爆炸下限	爆炸上限	物质名称及分子式	爆炸下限	爆炸上限
氢气 H_2	4.1	75	丁酮 C_4H_8O	1.8	9.5	糠醛 $C_5H_4O_2$	2.1	—
一氧化碳 CO	12.5	75	氯甲烷 CH_3Cl	8.3	18.7	甲基乙基醚 C_3H_8O	2	10
硫化氢 H_2S	4.3	45.4	氯丁烷 C_4H_3Cl	1.9	10.1	二乙醚 $C_4H_{10}O$	1.9	36.5
甲烷 CH_4	5	15	乙酸 $C_2H_4O_2$	5.4	—	溴甲烷 CH_3Br	13.5	14.5
乙烷 C_2H_6	3.2	12.5	甲酸甲酯 $C_2H_2O_2$	5.1	22.7	溴乙烷 C_2H_5Br	6.8	11.3

物质名称 及分子式	爆炸 下限	爆炸 上限	物质名称 及分子式	爆炸 下限	爆炸 上限	物质名称 及分子式	爆炸 下限	爆炸 上限
庚烷 C_7H_{16}	1.1	6.7	乙酸乙酯 $C_2H_5O_2$	2.2	11.4	己胺 C_2H_7N	3.6	13.2
乙烯 C_2H_4	2.8	28.6	乙酸丁酯 $C_6H_{12}O_2$	1.4	7.6	二甲胺 C_2H_8N	2.8	14.4
丙烯 C_3H_6	2	11.1	吡啶 C_5H_5N	1.8	12.4	水煤气	6.7	69.5
乙炔 C_2H_2	2.5	80	氨 NH_3	15.5	27	高炉煤气	40~50	60~70
苯 C_6H_6	1.4	7.6	松节油 $C_{10}H_{15}$	0.8	—	半水煤气	8.1	70.5
甲苯 C_7H_8	1.3	6.8	甲醇 CH_4O	6.7	36.5	焦炉煤气	6	30
环己烷 C_6H_{12}	1.3	7.8	乙醇 C_2H_6O	3.3	19	发生炉煤气	20.3	73.7
丙酮 C_3H_6O	2.6	12.8						

当可燃性气体、可燃液体的蒸气与空气混合达到一定浓度时，遇到火源就会发生爆炸，这个遇到火源就能够发生爆炸的浓度范围称爆炸极限。通常用可燃气体、可燃液体蒸气在空气中的体积分数（％）来表示。可燃气体、可燃液体蒸气与空气的混合物并不是在任何混合比例下都有可能发生爆炸，而只是在一定浓度范围内才有爆炸的危险。如果可燃气体、可燃液体蒸气在空气中的浓度低于爆炸下限，遇到明火既不会爆炸，也不会燃烧；高于爆炸上限，遇明火虽不会爆炸，但能燃烧。

三、实验室用电安全规范

在实验室中，加热、通风、使用电源仪器设备、自动控制等都需要用电，用电不当极易引起火灾或造成对人体的伤害。实验与电的关系密切，要想保证实验安全进行，必须安全用电。所谓安全用电，是指电气工作人员、生产人员以及其他用电人员，在既定环境条件下，采取必要的措施和手段，在保证人身及设备安全的前提下正确使用电力。

1. 电对人体的危害

电对人体的伤害，可分为两种：一种是电伤；一种是电击。电伤是指电流对人体外部造成的局部伤害，它是由于电流的热效应、化学效应、机械效应及电流本身的作用，使熔化和蒸发的金属微粒侵入人体，使皮肤局部受到灼伤、烙伤和皮肤金属化的损伤。这些通常是局部性的，一般危害性不大。电击是指电流通过人体内部组织。通常所说的触电事故基本上是指电击。它能使心脏和神经系统等重要机体受损。受击后还往往出现假死状态，如不及时抢救，就会危及生命。

（1）电流的影响

根据大量触电事故的统计和实验报告等资料得知，通过人体的电流大小，对电击的后果起决定作用（表4-6）。人体通过1mA工频交流电或5mA直流电时，就有麻、痛的感觉。10mA左右自己尚能摆脱电源，但超过50mA就危险了。若有100mA的电流通过人体，则会造成呼吸窒息，心脏停止跳动，直至死亡。通常把10mA以下的工频交流电或50mA以下的直流电看作安全电流。但所谓"安全电流"长时间通过人体，也会使人失去摆脱能力而造成危险，同时还决定于外加电压和人体电阻。

表4-6　触电现象及反应

电流（mA）	触电现象及反应	
	工频交流电（50～60Hz）	直流电
0.6～1.5	开始感觉,手指轻微颤抖	没有感觉
2～3	手指剧烈颤抖	没有感觉
5～10	手指痉挛	发痒,感觉发热
12～15	手掌手臂特别疼痛,难于摆脱电源	发热加强
20～25	两手麻痹,心脏开始震颤	手肌肉稍有紧张
50～80	呼吸麻痹,心脏开始震颤	肌肉紧缩,呼吸困难
90～110	呼吸麻痹,心脏震颤	呼吸麻痹

（2）电流作用时间的影响

电流作用于人体的时间越长，因为出汗发热等原因，人体电阻越小，通过人体的电流越大，对人体的伤害就越严重。如工频50mA交流电，如果作用时间不长，还不至于死亡；若持续数10秒，必然引起心脏室颤，使心脏停止跳动而致死。

（3）电压的影响

通过大量实践，人们发现36V以下电压，对人体没有严重威胁，所以把36V以下的电压规定为安全电压。在触电的实际统计中，有70%以上是在220V或380V交流电压下触电死亡的。以触电者人体电阻为1kΩ计，在220V电压下通过人体的电流有220mA，能迅速使人致死。人体接触的电压越高，通过人体电流越大，对人体伤害越严重。

2. 防触电

触电是人体接触带电体，电流以很快的速度通过人体的过程。当微弱电流通过身体时，就会引起触电，当电压超过安全电压时，可能导致死亡。安全电压是指不会引起生命危险的电压。安全电压不是绝对的，是根据人、地和环境条件规定的。各国安全电压的规定不完全相同。例如：我国规定为36V，美国规定为40V，法国规定安全交流电压为24V、安全直流电压为50V。必须明确指出，即使在安全电压范围内，如果周围环境条件发生变化，安全电压也可能变为危险电压，导致触电事故的发生。

（1）预防触电的方法

① 操作电器时，手必须干燥，因为手潮湿时电阻显著变小，易于引起触电。

② 一切电源裸露部分都应配备绝缘装置，电开关应有绝缘匣，电线接头必须包以绝缘胶布或套胶管。所有电器设备的金属外壳均应接上地线。

③ 已损坏的接头或绝缘不好的电线应及时更换，更不能直接用手去摸绝缘不好的通电电器。

④ 修理或安装电器设备时，必须先切断电源。

⑤ 不能用试电笔去试高压电。

⑥ 每个实验室都有规定允许使用的最大电流，每路电线也有规定的限定电流，超过时会使导线发热着火。导线不慎短路也容易引起事故。控制负荷超载的简便方法是按限定电流使用熔断片（保险丝）。更换保险丝时应按规定选用，不可用铜、铝等金属丝代替保险丝，以免烧坏仪器或发生火灾。

⑦ 电线接头间要接触良好、紧固，避免在振动时产生电火花。电火花可能引起实验室的燃烧与爆炸。

⑧ 禁止高温热源靠近电线。

⑨ 电动机械设备使用前应检查开关、线路、安全地线等各部设备零件是否完整妥当，运转情况是否良好。

⑩ 严禁使用湿布擦拭正在通电的设备、电门、插座、电线等，严禁洒水在电器设备上和线路上。

⑪ 在用高压电操作时，要穿上胶鞋并带上橡皮手套，地面铺上橡皮。

⑫ 实验室的电器设备和电路不得私自拆动及任意进行修理，也不能自行加接电气设备和电路，必须由专门的技术人员进行。

⑬ 每一化验室都有电源总闸。停止工作时，必须把总闸关掉。

⑭ 多台大功率的电器设备要分开电路安装，每台电器设备都有各自的熔断器。

⑮ 使用动力电时，应先检查电源开关、电机和设备各部分是否良好。如有故障，应先排除后，方可接通电源。

⑯ 启动或关闭电器设备时，必须将开关扣严或拉妥，防止似接非接状况。使用电子仪器设备时，应先了解其性能，按操作规程操作，若电器设备发生过热现象或出现焦煳味时，应立即切断电源。

⑰ 电源或电器设备的保险烧断时，应先查明烧断原因，排除故障后，再按原负荷选用适宜的保险丝进行更换，不得随意加大或用其他金属线代用。

⑱ 实验室内不应有裸露的电线头；电源开关箱内，不准堆放物品，以免触电或燃烧。

⑲ 要警惕实验室内发生电火花或静电，尤其在使用可能构成爆炸混合物的可燃性气体时，更需注意。如遇电线走火，切勿用水或导电的酸碱泡沫灭火器灭火，应切断电源，用砂或二氧化碳灭火器灭火。

（2）触电急救措施

触电事故在极短暂的时间内，就会造成严重的后果，所以发生触电事故，必须实施抢救。救治方法如下。

① 脱离电源。如果附近有配电箱、闸刀等，应该立即断开电源。如果身边有带绝缘柄的工具（如钢丝钳等），可将电线截断。或带上绝缘手套或用干燥的木棍或竹竿，将触电者身上的电线挑开。千万注意，不可直接用手去拉触电者，也不可用金属或潮湿的东西去挑电线。否则，非但没有使触电者摆脱电源，反而使救护者自己也变成触电者。如果触电者是在高空作业时触电，断电时要防止触电者摔伤。

② 现场救治。当触电者脱离电源后，如果神志清醒，呼吸正常，皮肤也未灼伤，只需安排其到空气清新的地方休息，令其平躺，不要行走，防止突然因惊厥狂奔，体力衰竭而死亡。如果触电者神志不清，呼吸困难或停止，必须立即把他移到附近空气清新的地方，及时进行人工呼吸，并请医务人员前来抢救。如果心脏停止跳动，则需立即进行胸外按压法抢救，并在送往医院途中不间断抢救。如果触电极严重，心跳呼吸全无，这就需要用人工呼吸法和胸外按压法同时或交替抢救。

a.人工呼吸法：使触电者平躺仰卧，头后仰，使其舌根不堵住气流，捏住鼻子吹进一口气，然后松开鼻子，使之慢慢恢复呼吸，每分钟约 12 次。此法效果良好。

b.胸外挤压法：救护者双手相叠，握掌放在比心窝稍高一点的地方（即两乳头之间略下一点），掌根向下压 3～4cm，每分钟压 60 次左右。挤压后掌根迅速放松，让触电者胸廓自行复原，以利血液充满心脏，恢复心脏正常跳动。对儿童可用一手轻轻按压，但次数可快到每分钟 100 次左右。

3. 防静电

静电是由不同物质的接触、分离或相互摩擦而产生的。在试验过程中，仪器设备、操作过程、操作人员等因素都会导致静电的产生。如果得不到有效控制，就可能酿成事故。因此，在实验室工作中要注意分析静电产生的原因、认识静电的危害并制定有效的防御措施。

（1）静电的危害

① 危及大型精密仪器的安全。由于现代化仪器中大量使用高性能电子元件，很多元件对静电放电敏感，容易造成器件损坏。

② 静电电击危害。静电电击和触电电击不同，触电电击是指触及带电物体时，电流持续通过人体造成的伤害。静电电击能量较小，一般不会引起生命危险，但放电时会引起人摔倒、电子仪器失灵，放电的火花还可能引起易燃混合气体的燃烧爆炸，从而导致人员伤亡和财产损失。因此，在有汽油、苯、氢气等易燃物质的场所，要特别注意防止静电危害。

（2）防止静电危害的措施

减少静电的产生、设法导走静电和防止静电放电，是防止静电危害的主要途径。可采取以下措施：

① 防静电区内不要使用塑料地板、地毯或其他绝缘性好的地面材料，可以铺设防静电地板。

② 在易燃易爆场所，应穿导电纤维及材料制成的防静电工作服、防静电鞋，戴防静电手套，不要穿化纤类织物、胶鞋及绝缘鞋底的鞋。

③ 高压带电体应有屏蔽措施，以防人体感应产生静电。

④ 进入实验室前，应徒手接触金属接地棒，以消除人体从外界带来的静电。坐着工作的场合，必要时可戴接地腕带。

⑤ 保持环境空气中的相对湿度在 65%～70% 以上，便于静电逸散。

4. 防电起火

电起火的原因主要有以下几个方面：①电线老化；②灯具表面温度高，长时间接触易燃物后引发火灾；③电焊机产生火花或焊渣掉落在易燃物上引发火灾。

防止电起火的措施有以下几方面：①保险丝型号与实验室允许的电流量必须相配；②负荷大的电器应接较粗的电线；③生锈的仪器或接触不良处，应及时处理，以免产生电火花；④如遇电线走火，切勿用水或导电的酸碱灭火器或泡沫灭火器灭火，应立即切断电源，用沙或干粉灭火器灭火。

四、实验室用火安全规范

1. 防火常识

① 实验室应具备有灭火消防器材、急救箱和个人防护器材。实验室工作人员应熟悉这些器材的位置及使用方法。

② 禁止用火焰检查可燃性气体（如煤气、氢气、乙炔气）泄漏的地方，应该用肥皂水检查其管道、阀门是否漏气。禁止把地线接在煤气管道上。

③ 操作、倾倒易燃液体时，应该远离火源。加热易燃液体必须在水浴上或

密封电热板上进行，严禁用火焰或电炉直接加热。

④ 使用酒精灯时，酒精切勿装满，应不超过其容量的 2/3。灯内酒精不足 1/4 容量时，应灭灯后添加酒精。燃着的酒精灯焰应用灯帽盖灭，不可用嘴吹灭，以防止灯内酒精引燃。

⑤ 蒸馏可燃性液体时，操作人员不能离开去做别的事情，要注意仪器和冷凝器的正常运行。需要往蒸馏器内补充液体时，应先停止加热，放冷后再进行。

⑥ 易燃液体的废液应设置专门容器收集，不得倒入下水道，以免引起爆炸事故。

⑦ 不能在木质可燃台面上使用较大功率的电器，如电炉、电热板等，也不能长时间使用煤气灯与酒精灯。

⑧ 同时使用多台较大功率的电器（如马弗炉、烘箱、电炉、电热板等）时，要注意线路和电闸能承受的功率。最好将较大功率的电热设备分流安装于不同电路上。

⑨ 可燃性气体的高压钢瓶，应安放在实验楼外专门建造的气瓶室。

⑩ 身上、手上、台面、地上沾有易燃液体时，不得靠近火源，同时应立即清理干净。

⑪ 实验室对易燃易爆物品应限量、分类、低温存放，远离火源。加热含有高氯酸或高氯酸盐的溶液，防止蒸干和引进有机物，以免产生爆炸。

⑫ 易发生爆炸的操作不得对着人进行，必要时操作人员应戴保护面罩或用防护挡板。

⑬ 进行易燃易爆实验时，应该两人以上在场，万一出了事故可以相互照应。

2. 灭火常识

① 扑灭火源。一旦发生火情，实验室人员应临危不惧，冷静沉着，及时采取灭火措施、防止火势的扩展。应立即切断电源，关闭煤气阀门，移走可燃物，用湿布或石棉布覆盖火源灭火。若火势较猛，应根据具体情况，选用适当的灭火器进行灭火，并立即与有关部门联系，请求救援。若衣服着火，不可慌张乱跑，应立即用湿布或石棉布灭火；如果燃烧面积较大，可躺在地上打滚。

② 火源（火灾）的分类及可使用的灭火器见表 4-7。

表 4-7　火源（火灾）的分类及可使用的灭火器

分类	燃烧物质	可使用的灭火器	注意事项
A 类	木材、纸张、棉花	水、酸碱灭火器、泡沫灭火器	
B 类	可燃性液体如石油化工产品、食品油脂	泡沫灭火器、二氧化碳灭火器、干粉灭火器、"1211"灭火器	
C 类	可燃性气体如煤气、石油液化气	"1211"灭火器[①]、干粉灭火器	用水、酸碱灭火器、泡沫灭火器均无作用

分类	燃烧物质	可使用的灭火器	注意事项
D类	可燃性金属如钾、钠、钙、镁等	干砂土、"7150"灭火剂[②]	禁止用水及酸碱式、泡沫式灭火器。二氧化碳灭火器、干粉灭火器、"1211"灭火器均无效

①四氯化碳、"1211"（CF_2ClBr）均属卤代烷灭火剂，遇高温时可形成剧毒的光气，使用时要注意防毒。但他们有绝缘性能好、灭火后在燃烧物上不留痕迹，不损坏仪器设备等特点，适用于扑灭精密仪器、贵重图书资料和电线等火情。

②"7150"灭火剂主要成分是三甲氧基硼氧六环，其受热分解，吸收大量的热，并在可燃物表面形成氧化硼保护膜，隔绝空气，使火窒息。

实验室内的灭火器材要定期检查和更换药液。灭火器的喷嘴应畅通，如遇堵塞应用铁丝疏通。

五、电离辐射安全规范

1. 电离辐射

α粒子、β粒子、质子等带电荷，可以直接引起物质电离；X射线、γ光子和中子等不带电荷，但是在与物质作用时产生"次级粒子"，从而使物质电离。所有这些现象，统称电离辐射，简称辐射。另外，红外线、紫外线、微波等也称辐射，但不属于"电离辐射"。

图 4-4　电离辐射警告标识

我国放射防护现行标准（GB 18871—2002）《电离辐射防护与辐射源安全基本标准》，强制要求，在放射工作场所控制区的进出口及其他适当位置处，应设立醒目的、符合标准规定的警告标识（图 4-4）。

2. 电离辐射的危害

在接触电离辐射的工作中，如果防护措施不当、违反操作规程、人体受照射的剂量超过一定限度，则会造成危害。在电离辐射作用下，机体的反应程度取决于电离辐射的种类、剂量、照射条件及机体的敏感性。电离辐射可引起放射疾病，它是机体的全身性反应，几乎所有器官、系统均会发生病变，其中以神经系统、造血器官和消化系统的病变最为明显。电离辐射对机体的损伤可分为急性放射损伤和慢性放射性损伤。短时间内接受一定剂量的照射，可引起机体的急性损伤，常见于核事故和放射治疗病人；较长时间内分散接受一定剂量的照射，可引起慢性放射性损伤，如皮肤损伤、造血障碍、白细胞减少、生育力受损等。另外，辐射还可以致癌和引起胎儿的死亡与畸形。

（1）外照射

外照射是指体外辐射源对人体的照射。α粒子穿透能力弱（一张纸就可以阻挡），不会引起外照射损伤。β粒子穿透能力也较弱，容易被铝箔、有机玻璃等材料吸收，外照射时只能引起皮肤损伤。对于 X 射线、γ 射线，吸收剂量在0.25Gy 以下时，人体一般不会有明显的反应。若剂量再增加，就可能出现损伤。当达到几个 Gy 时，就可能引起死亡。接受同样数量的吸收剂量，照射时间越短，损伤越大；反之，则轻。

（2）内照射

不同的放射性核素进入机体，沉淀在不同的器官，可对机体产生内照射，造成不同程度的影响。例如：镭和钚都是亲骨性核素，但镭大多沉淀在骨的无机质中，而钚主要沉淀在骨小梁中，它们照射骨髓细胞后会出现很强的辐射毒性。内照射主要来源于 α 粒子和 β 粒子，其中，α 粒子能量较大，对机体细胞损伤较为严重。

3. 电离辐射的防护

（1）控制外照射的防护措施

为了尽量减少外照射对人体的伤害，在辐射防护管理工作中，应主要考虑时间、距离和屏蔽三方面因素。

① 尽可能减少辐射暴露时间：在辐射区域暴露时间越短，受照射剂量就越少。因此，做好实验设计十分重要。实验前最好预做模拟或空白试验，不要使用放射性核素进行新技术和不熟悉的技术工作。有条件时，可以由几个人共同分担任务，以缩短在个体辐射区或实验室停留的时间。另外，要尽可能缩短实验室内放射性废物的处理周期。

② 尽可能增大与辐射源之间的距离：辐射剂量与距离的平方成反比。与辐射源之间的距离增加 1 倍，相同时间内的吸收剂量将减少为原剂量的 1/4。因此，可以采用不同的装置或机械方法，尽可能增加操作人员与辐射源之间的距离，减少吸收剂量。例如：使用长柄钳子、镊子或远程移液器等。

③ 屏蔽辐射源：屏蔽辐射源应考虑两方面问题，一是辐射源的直接辐射，二是地板或天花板等处反射的辐射。屏蔽物有固定式和活动式两种。固定式屏蔽物指墙壁、防护门、观察窗、水井等；活动式屏蔽物指铅砖、铅玻璃、各种包装容器等。屏蔽物应尽量靠近辐射源。屏蔽物所用材料和厚度的选择取决于辐射的穿透力。1.3～1.5cm 厚的丙烯酸树脂屏障、木板或轻金属可以对高能量的 β 粒子起到屏蔽作用，高密度的铅可屏蔽高能量的 X 射线和 γ 射线。

④ 替代方法：如果有其他技术可供使用，就不要使用含放射性核素物质的实验方法。如果没有替代方法，则应使用穿透力或能量最低的放射性核素。

（2）内照射的防护措施

要减少内照射对人体造成的损伤，应尽可能防止或减少放射性核素对工作环境和人的污染，切断放射性核素进入人体的途径，加速体内放射性核素的排出。

① 养成良好的工作习惯：工作时必须戴手套、口罩，穿防护服，以防止污染。必要时可使用遥控方法进行操作；不要用口吸取溶液或吹玻璃管；不得在实验室内进食、吸烟等；工作完毕后，应立即洗手、漱口；有条件时，可用放射性检测仪进行检测。

② 降低空气中放射性核素浓度：为防止放射性核素由呼吸道进入人体，实验室应有良好的通风条件；煮沸、烘干、蒸发等实验应在通风橱中进行；处理粉末物质应在防护箱中进行，必要时应戴过滤型呼吸器。实验室应经常用吸尘器或拖把清扫，以保持高度清洁。遇有污染物应慎重妥善处理。

③ 降低表面污染水平：为防止放射性核素通过皮肤进入人体，实验开始之前，必须包扎好皮肤的伤口，剪短指甲。

第二节　实验室化学试剂安全规范

一、实验室常见化学试剂安全规范

化学试剂是实验中不可缺少的物质。试剂选择与用量是否恰当，将直接影响实验结果的好坏。对于实验室工作者来说，了解试剂的性质、分类、规格及使用常识是非常必要的。

1. 化学试剂的分级和规格

化学试剂的种类很多，世界各国对化学试剂的分类和分级标准不尽相同。国际标准化组织（ISO）和国际纯粹化学与应用化学联合会（IUPAC）也都有很多相应的标准和规定。IUPAC 对化学标准物质的分级有 A 级、B 级、C 级、D 级和 E 级（表 4-8），C 级和 D 级为滴定分析标准试剂，E 级为一般试剂。我国化学试剂的产品标准有国家标准（GB）和专业行业标准（ZB）及企业标准（QB）三级。对于试剂质量，我国有国家标准或部颁标准，规定了各级化学试剂的纯度及杂质含量，并规定了标准分析法。我国生产的试剂质量分为四级，表 4-9 列出了我国化学试剂的分级。

表 4-8　IUPAC 对化学标准物质的分级

级别	规定
A	相对原子质量标准
B	与 A 级最接近的基准物质
C	含量为(100±0.02)%的标准试剂

级别	规定
D	含量为(100±0.05)%的标准试剂
E	以C、D级试剂为标准进行对比测定所得到的纯度或相当于这种试剂的纯度，比D级的纯度低

表4-9　我国化学试剂的分级

级别	习惯等级	名称	英文名称	代号	标签颜色	适用范围
一级	保证试剂	优级纯	Guranteed reagent	GR	绿色	纯度高,适用于精确分析和研究工作,有的可作为基础物质
二级	分析试剂	分析纯	Analytical reagent	AR	红色	纯度高,适用于一般分析及科研用
三级	化学试剂	化学纯	Chemical pure	CP	蓝色	适用于工业分析与化学实验
四级	实验试剂		Laboratorial reagent	LR	棕色	只适用于一般化学实验用

现以化学试剂重铬酸钾的国家标准（GB 642—1999）为例加以说明。优级纯、分析纯的 $K_2Cr_2O_7$ 含量不少于99.8%，化学纯含量不少于99.5%，杂质最高含量，如表4-10所示。

表4-10　重铬酸钾试剂中杂质最高含量　单位：%（质量分数）

名称	GR	AR	CP	名称	GR	AR	CP	名称	GR	AR	CP
水不溶物	0.003	0.005	0.01	硫酸盐	0.005	0.01	0.02	铁	0.001	0.002	0.005
干燥失重	0.05	0.05	—	钠	0.02	0.05	0.1	铜	0.001	—	—
氯化物	0.001	0.002	0.005	钙	0.002	0.002	0.001	铅	0.005	—	—

除上述化学试剂的四级外，尚有其他特殊规格的试剂。这些试剂虽尚未经有关部门明确规定和正式发布，但多年来为广大的化学试剂厂生产、销售和使用者所熟悉与沿用，如表4-11中所列的特殊规格化学试剂。

表4-11　特殊规格的化学试剂

规格	代号	用途	备注
高纯物质	EP	配制标准溶液	包括超纯、特纯、高纯、光谱纯
基准试剂		标定标准溶液	已有国家标准
pH基准缓冲物质		配制pH标准缓冲溶液	已有国家标准
色谱纯试剂	GC	气相色谱分析专用	
	LC	液相色谱分析专用	
实验试剂	LR	配制普通溶液或化学合成用	瓶签为棕色的四级试剂
指示剂	Ind.	配制指示剂溶液	

规格	代号	用途	备注
生化试剂	BR	配制生物化学检验试液	标签为咖啡色
生物染色剂	BS	配制微生物标本染色液	标签为玫瑰红色
光谱纯试剂	SP	用于光谱分析	
特殊专用试剂		用于特定监测项目，如无砷锌	锌粒含砷不得超过 4×10^{-5} %

注：EP—Extra Pure；GC—Gas Chromatography；LR—Laboratory Reagent；Ind.—Indicntors；BR—Biochemical Reagent；BS—Biological Stains；LC—Liquid Chromatography；SP—Spectral Pure。

国外试剂规格有的与我国相同，有的不一致，可根据标签上所列杂质的含量对照加以判断。常用的 ACS（American Chemical Society）为美国化学协会分析试剂规格，Spacpure 为英国 Johnson Malthey 出品的超纯试剂，德国的 E. Merck 生产有 Suprapur（超纯试剂），美国 G. T. Baker 有 Ultex 等。

2. 化学试剂的包装

化学试剂的包装单位，是指每个包装容器内盛装化学试剂的净重（固体）或体积（液体）。包装单位的大小是根据化学试剂的性质、用途和经济价值决定的。

我国化学试剂规定以下五类包装单位包装：

第一类：0.1g、0.25g、0.5g、1g、5g 或 0.5mL、1mL；

第二类：5g、10g、25g 或 5mL、10mL、25mL；

第三类：25g、50g、100g 或 20mL、25mL、50mL、100mL；

第四类：100g、250g、500g 或 100mL、250mL、500mL；

第五类：500、1000g 至 5000g（每 500g 为一间隔）或 500mL、1L、2.5L、5L。

根据实际工作中对某种试剂的需要量决定采购化学试剂的量。如一般无机盐类 500g，有机溶剂 500mL 包装的较多。而指示剂、有机试剂多购买小包装，如 5g、10g、25g 等。高纯试剂、贵金属、稀有元素等多采用小包装。

3. 化学试剂的选用与使用注意事项

化学试剂的选用应以分析要求，包括分析任务、分析方法、对结果准确度等为依据，来选用不同等级的试剂。如痕量分析要选用高纯度或优级纯试剂，以降低空白值和避免杂质干扰。在以大量酸碱进行样品处理时，其酸碱液应选择优级纯试剂。同时，对于所用的纯水的制取方法和玻璃仪器的洗涤方法也有特殊要求。作仲裁分析也常选用优级纯、分析纯试剂。一般车间控制分析，选用分析纯、化学纯试剂。某些制备实验、冷却浴或加热浴的药品，可选用工业品。

不同分析方法对试剂有不同的要求。如络合滴定，最好用分析纯试剂和去离子水，否则试剂或水中的杂质金属离子封闭指示剂，会使滴定终点难以观察。

不同等级的试剂价格往往相差甚远，纯度越高价格越贵。若试剂等级选择不当，将会造成资金浪费或影响化验结果。

另外必须指出的是，虽然化学试剂必须按照国家标准进行检验合格后才能出厂销售，但不同厂家、不同原料和工艺生产的试剂在性能上有时有显著差异。甚至同一厂家，不同批号的同一类试剂，其性质也很难完全一致。因此，在某些要求较高的分析中，不仅要考虑试剂的等级，还应注意生产厂家、产品批号等，必要时应做专项检验和对照试验。

有些试剂由于包装不良，或放置时间太长，可能变质，使用前应作检查。为了保障实验室操作人员的人身安全，保持化学试剂的使用守则，严格要求有关人员共同遵守。实验室操作人员应熟悉常用化学试剂的性质，如市售酸碱的浓度，试剂在水中的溶解度，有机溶剂的沸点、燃点，试剂的腐蚀性、毒性、爆炸性等。所有试剂、溶液以及样品的包装瓶上必须有标签。标签要完整、清晰，表明试剂的名称、规格、质量。溶液除了标明品名外，还应标明浓度、配置日期等。万一标签脱落，应照原样贴牢。绝对不允许在容器内装入与标签不相符的物品。无标签的试剂必须取小样鉴定后才可使用。不能使用的化学试剂要慎重处理，不能随意乱倒。

为了保证试剂不受污染，应当用清洁的牛角勺或不锈钢小勺从试剂瓶中取出试剂，绝对不可用手抓取。若试剂结块，可用清净的玻璃棒或瓷药铲将其捣碎后取出。液体试剂可用洗干净的量筒倒取，不要用吸管伸入原试剂中吸取液体。从试剂瓶内取出的、没有用完的剩余试剂，不可倒回原瓶。打开易挥发的试剂瓶塞时，不可把瓶口对准自己脸部或对准别人。不可用鼻子对准试剂瓶口猛吸气。如果需嗅试剂的气味，可把瓶口远离鼻子，用手在试剂瓶上方扇动，使空气流吹向自己而闻出其味。化学试剂绝不可用舌头品尝。化学试剂一般不能药用或食用。医药用药品和食品的化学添加剂都有安全卫生的特殊要求，应由专门厂家生产。

4. 化学试剂的管理与安全存放条件

化学试剂大多数具有一定的毒性及危险性，对化学试剂加强管理，不仅是保证分析结果质量的需要，也是确保人民生命财产安全的需要。

化学试剂的管理应根据试剂的毒性、易燃性、腐蚀性和潮解性等不同的特点，以不同的方式妥善管理。

实验室内只宜存放少量短期内需用的药品，易燃易爆试剂应放在铁柜中，柜的顶部要有通风口。严禁在实验室内存放总量 20L 的瓶装易燃液体。大量试剂应放在试剂库内。对于一般试剂，如无机盐，应有序地放在试剂柜内，可按元素周期表族系，或按酸、碱、盐、氧化物等分类存放。存放试剂时，要注意化学试剂的存放期限，某些试剂在存放过程中会逐渐变质，甚至形成危害物，如醚类、四氢呋喃、二氧六环、烯烃、液体石蜡等，在见光条件下，若接触空气可形成过氧化物，放置时间越久越危险。某些具有还原性的试剂，如苯三酚、$TiCl_3$、四氢硼纳、$FeSO_4$、维生素 C、维生素 E 以及金属铁丝、铝、镁、锌粉等易被空气中氧气所氧化变质。

化学试剂必须分类隔离存放，不能混放在一起，通常把试剂分成下面几类，分别存放。

（1）易燃类

易燃类液体极易挥发成气体，遇明火即燃烧，通常把闪点在 25℃ 以下的液体均列入易燃类。闪点在 −4℃ 以下者有石油醚、氯乙烷、乙醚、汽油、二硫化碳、缩醛、丙酮、苯、乙酸乙酯、乙酸甲酯等。闪点在 25℃ 以下的有丁酮、甲苯、甲醇、乙醇、异丙醇、二甲苯、乙酸丁酯、乙酸戊酯、三聚甲醛、吡啶等。

这类试剂要求单独存放于阴凉通风处，理想存放温度为 −4～4℃。闪点在 25℃ 以下的试剂，存放最高室温不得超过 30℃，特别要注意远离火源。

（2）剧毒类

专指由消化道侵入极少量既能引起中毒致死的试剂。生物试验半致死量在 50mg/kg 以下者称为剧毒物品，如氰化钾、氰化钠以及其他剧毒氰化物，三氧化二砷及其他剧毒砷化物，二氯化汞及其他极毒汞盐，硫酸二甲酯，某些生物碱和毒苷等。

这类试剂要置于阴凉干燥处，与酸类试剂隔离。应锁在专门的毒品柜中，建立双人登记签字领用制度。建立使用、消耗、废物处理等制度。皮肤有伤口时，禁止操作这类物质。

（3）强腐蚀类

指对人体皮肤、黏膜、眼、呼吸道和物品等有极强腐蚀性的液体和固体（包括蒸气），如发烟硫酸、浓硫酸、发烟硝酸、浓盐酸、氢氟酸、氢溴酸、氯磺酸、氯化砜、一氯乙酸、甲酸、乙酸酐、氯化氧磷、五氧化二磷、无水三氯化铝、溴、氢氧化钠、氢氧化钾、硫化钠、苯酚、无水肼、水合肼等。

强腐蚀类物品存放处要求阴凉通风，并与其他药品隔离放置。应选用抗腐蚀性的材料，如耐酸水泥或耐酸陶瓷制成架子来放置这类药品。料架不宜过高，也不要放在高架上，最好放在地面靠墙处，以保证存放安全。

（4）燃爆类

这类试剂中，遇水反应十分猛烈可发生燃烧爆炸的有钾、钠、锂、钙、氢化锂铝、电石等。钾和钠应保存在煤油中。试剂本身就是炸药或极易爆炸的有硝酸纤维、苦味酸、三硝基甲苯、三硝基苯、叠氮或重氮化合物、雷酸盐等，要轻拿轻放。与空气接触能发生强烈的氧化作用而引起燃烧的物质如黄磷，应保存在水中，切割时也应在水中进行。引火点低，受热、冲击、摩擦或与氧化剂接触能急剧燃烧甚至爆炸的物质，有硫化磷、赤磷、镁粉、锌粉、铝粉、萘、樟脑等。此类试剂要求存放室内温度不超过 30℃，与易燃物、氧化剂均须隔离存放。料架用砖和水泥砌成,有槽,槽内铺消防砂,试剂置于砂中,加盖。

(5) 强氧化剂类

这类试剂是过氧化物或含氧酸及其盐,在适当条件下会发生爆炸,并可与有机物、镁、铝、锌粉、硫等易燃固体形成爆炸混合物。这类物质中有的能与水起剧烈反应,如过氧化物遇水有发生爆炸的危险。属于此类的有硝酸铵、硝酸钾、硝酸钠、高氯酸钾、高氯酸钠、高氯酸镁或钡、铬酸酐、重铬酸钾及其他铬酸盐、高锰酸钾及其他高锰酸盐、氯酸钾或钠、氯酸钡、过硫酸铵及其他过硫酸盐、过氧化钠、过氧化钾、过氧化钡、过氧化二苯甲酰、过乙酸等。存放处要求阴凉通风,最高温度不得超过 30℃。要与酸类及木屑、炭粉、硫化物、糖类等易燃物、可燃物或易被氧化物(即还原性物质)等隔离,堆垛不宜过高过大,注意散热。

(6) 放射性类

一般实验室不太可能有放射性物质。操作这类物质需要特殊防护设备和知识,以保护人身安全,并防止放射性物质的污染与扩散。

(7) 低温存放类

此类试剂需要低温存放才不至于聚合变质或发生其他事故。属于此类的有甲基丙烯酸甲酯、苯乙烯、丙烯腈、乙烯基乙炔及其他可聚合的单体等。存放于温度 10℃以下。

(8) 贵重类

单价贵的特殊试剂、超纯试剂和稀有元素及其化合物均属于此类。这类试剂大部分为小包装。这类试剂应与一般试剂分开存放,加强管理,建立领用制度。常见的有钯黑、氯化钯、氯化铂、铂、铱、铂石棉、氯化金、金粉、稀土元素等。

(9) 指示剂与有机试剂类

指示剂可按酸碱指示剂、氧化还原指示剂、络合滴定指示剂及荧光吸附指示剂分类排列。

有机试剂可按分子中碳原子数目多少排列。

(10) 一般试剂

一般试剂分类存放于阴凉通风、温度低于 30℃的柜内即可。

二、危险化学品安全规范

(一) 危险化学品的存储安全管理

1. 危险化学品储存的定义与种类

根据物质的理化性状和储存量的大小分为:整装储存和散装储存两类。整装储存是将物品装于小型容器或包件中储存。这种储存往往存放的品种多，物品的性质复杂，比较难管理。散装储存是物品不带外包装的净货储存。量比较大，设备、技术条件比较复杂。

2. 储存危险化学品的分类

（1）储存物品（易燃易爆性商品）的火灾危险性分类

在储存中归类为易燃易爆性商品的危险物品包括爆炸品，压缩气体和液体气体，易燃液体，易燃固体、自燃物品、遇湿易燃物品，氧化剂和有机过氧化物。《建筑设计防火规范》（GB 50016—2014）将储存物品的火灾危险性分为五类，其火灾危险性特征分别如下。

甲类：①闪点＜28℃的液体；②爆炸下限＜10％的气体。

乙类：①闪点为28～60℃的液体；②爆炸下限≥10％的气体。

丙类：①闪点＞60℃的液体；②可燃固体。

丁类：难燃烧物品。

戊类：非燃烧物品。

（2）储存毒害性商品的分类

按化学组成和急性毒性大小，毒害品分为一级无机毒害品、一级有机毒害品、二级无机毒害品和二级有机毒害品。

（3）储存腐蚀性商品的分类

一级腐蚀品是指能使动物皮肤在3min内出现可见坏死现象，并能在3～6min出现可见坏死现象的同时产生有毒蒸气的物品。

二级腐蚀品是指能使动物皮肤在4h内出现可见坏死现象，并在55℃时对钢或铝的表面年腐蚀率超过6.26mm的物品。

3. 危险化学品分类储存的安全要求

危险化学品分类储存的安全要求主要包括：储存危险化学品的基本要求；储存易燃易爆品的要求；储存毒害品的要求；储存腐蚀性物品的要求。

储存危险化学品的基本要求如下。

（1）储存要求

① 未经批准不得随意设置危险化学品储存仓库。

② 储存方式、方法与储存数量必须符合国家标准。

③ 剧毒化学品以及储存数量构成重大危险源的其他危险化学品必须在专用仓库内单独存放，实行双人收发、双人保管制度。

④ 危险化学品专用仓库的储存设备和安全设施应当定期检测，应有明显的标志。同一区域储存两种和两种以上的不同级别的危险品时，应按最高等级危险品设置标识。

⑤ 办理危险化学品登记。

⑥ 必须配备有专业知识的技术人员，仓库及实验场所应设专人管理，管理人员必须配备可靠的个人安全防护用品。

⑦ 露天堆放，应符合防火、防爆的安全要求，爆炸性物品、一级易燃物品、遇湿燃烧物品、剧毒物品不得露天堆放。

⑧ 不得与禁忌物料混合储存，灭火方法不同的危险化学品不能同库储存。

⑨ 区域内严禁吸烟和使用明火。

⑩ 制定事故应急救援预案，配备应急救援人员和必要的应急救援器材、设备，并定期组织演练。

⑪ 储存的危险化学品必须有化学品安全技术说明书和化学品安全标签。

（2）储存安排及储存限量

① 危险化学品储存安排取决于危险化学品分类分项、容器类型、储存方式和消防的要求。

② 储存量及储存安排。

③ 遇火、遇热、遇潮能引起燃烧、爆炸或发生化学反应、产生有毒气体的危险化学品不得在露天或潮湿、积水的建筑物中储存。

④ 受日光照射能发生化学反应引起燃烧、爆炸、分解、化合或能产生有毒气体的危险化学品应储存在一级建筑物中，其包装应有避光措施。

⑤ 爆炸性物品不准和其他类物品同储，必须单独隔离限量储存。

⑥ 压缩气体和液体气体必须与爆炸性物品、氧化剂、易燃物品、自燃物品、腐蚀性物品隔离储存。

⑦ 易燃液体、遇湿易燃物品、易燃固体不得与氧化剂混合储存，具有还原性的氧化剂应单独存放。

⑧ 有毒物品应储存在阴凉、通风、干燥的场所，不要露天存放，不要接近酸类物质。

⑨ 腐蚀性物品包装必须严密，不允许泄漏，严禁与液化气体和其他物品共存。

⑩ 有毒品应执行"五双管理制度"。即双人验收、双人发货、双人保管、双把锁、双本账。

4. 危险化学品中毒、污染事故预防控制的一般原则

（1）替代

控制、预防化学品危害最理想的方法是不使用有毒有害和易燃易爆的化学品，但这一点并不是总能做到，通常的做法是选用无毒或低毒的化学品替代已有的有毒有害化学品，选用可燃化学品替代易燃化学品。例如，甲苯替代喷漆和除漆中用的苯，用脂肪族烃替代胶水或黏合剂中的苯等。

（2）变更工艺

虽然替代是控制化学品危害的首先方案，但是目前可供选择的替代品往往是很有限的，特别是因技术和经济方面的原因，不可避免地要生产、使用有害化学品。这时可通过变更工艺消除或降低化学品危害。如以往从乙炔制乙醛，采用汞作催化剂，现在发展为用乙烯为原料，通过氧化或氧氯化制乙醛，不需用汞作催化剂。通过变更工艺，彻底消除了汞害。

（3）隔离

隔离就是通过封闭、设置屏障等措施，避免实验人员直接暴露于有害环境中。最常用的隔离方法是将生产或使用的设备完全封闭起来，使实验人员在操作中不接触化学品。隔离操作是另一种常用的隔离方法，简单地说，就是把设备与操作室隔离开。最简单形式就是把设备的管线阀门、电控开关放在与危险化学品完全隔开的操作室内。

（4）通风

通风是控制有害气体、蒸气或粉尘最有效的措施。借助于有效的通风，使空气中的有害气体、蒸气或粉尘的浓度低于安全浓度，保证实验人员的身体健康，防止火灾、爆炸事故的发生。

（5）个体防护

当作业场所中有害化学品的浓度超标时，实验人员就必须使用合适的个体防护用品。个体防护用品既不能降低作业场所中有害化学品的浓度，也不能消除作业场所的有害化学品，而只是一道阻止有害物质进入人体的屏障。防护用品本身的失效就意味着保护屏障的消失，因此个体防护不能被视为控制危害的主要手段，而只能作为一种辅助性措施。

（6）卫生

卫生包括保持实验室清洁和个人卫生两个方面。经常保持实验室清洁，对废物溢出物加以适当处置，保持作业场所清洁，也能有效地预防和控制化学品危害。实验人员应养成良好的卫生习惯，防止有害物附着在皮肤上，防止有害物通过皮肤涌入体内。

第三节　分析仪器类良好操作规范

仪器分析法因具有灵敏度高、检出限低、分析速度快，易实现自动化和智能化等优势，在各类分析检测场所广泛应用。分析仪器多属于技术密集型的精密仪器，对操作人员素质、使用环境、消耗材料、水电气等综合保障都有较高的要求。因此，作为分析人员不但要深刻领会分析仪器的工作原理，熟悉仪器结构和工作流程，掌握仪器基本操作规程，保证分析仪器高效平稳运行，还要充分认识到可能存在的各种安全隐患，制定相关预案，在操作过程中规避和化解风险，充分保障人员和设备的安全，发挥仪器效能。

各种分析仪器种类繁多，型号各异。本节侧重介绍应用较多的紫外可见分光光度计、傅里叶变换红外光谱仪、原子吸收分光光度计、气相色谱仪、高效液相色谱仪五类仪器的相关操作规范。

一、紫外可见分光光度计良好操作规范

1. 工作原理

紫外可见分光光度法是基于物质对 200～800nm 波长的光具有选择性吸收的特性，对物质进行定性和定量分析的方法。与此相对应的仪器有可见分光光度计、紫外分光光度计和紫外-可见分光光度计等。可见分光光度计用于测量有色溶液的吸光度，紫外-可见分光光度计用于测量在紫外、可见及近红外光区有吸收的物质的吸光度。

紫外-可见光谱反映了被测物质吸收光能量后分子内部的电子跃迁，与物质的结构直接相关，不同物质的紫外-可见吸收光谱不同。因此，可由物质吸收光谱的特异性对物质进行定性分析，依据吸收强度对物质作定量分析。

在一定条件下，物质对单色光的吸收符合朗伯-比尔定律，即

$$A = Kbc$$

式中，K 为比例常数，与入射光的波长、物质的性质和溶液的温度等因素有关；b 为液层的厚度；c 为溶液的浓度。

朗伯-比尔定律表明：当一束平行单色光垂直入射通过均匀、透明的吸光物质的稀溶液时，溶液对光的吸收程度与溶液的浓度及液层厚度的乘积成正比。

对于给定的物质体系，当溶液的液层厚度固定时，吸光物质的吸光度和溶液浓度（c）成正比，亦即存在线性关系。

2. 仪器的组成

紫外-可见分光光度计的型号较多，基本结构相似，一般由光源、单色器、吸收池、检测器和信号显示系统五大部分组成。其组成框图如图 4-5 所示。

图 4-5　紫外可见分光光度计方框图

由光源发出的光，经单色器分光获得的单色光照射到样品溶液，被吸收后光强度减弱，经检测器将光的强度信号转变为电信号，并经放大处理后，显示或打

印出吸光度 A（或透射比 τ）。

（1）光源

光源提供入射光。可见光区用卤钨灯或钨灯作光源，工作波长范围是 350～1000nm；紫外光区常用氘灯作光源，工作波长范围是 180～360nm。有些仪器使用闪烁氙灯作为替代光源。

（2）单色器

单色器的作用是将光源辐射的复合光分成分析需要的单色光。单色器一般由进口狭缝、出口狭缝、色散元件及透镜系统组成，色散元件是单色器的关键部件。常用的色散元件是棱镜和光栅，其中光栅因其分光精度高、调节和维护方便而广泛使用。

（3）吸收池

吸收池又叫比色皿，主要用于盛装被测试液。吸收池按材料不同可分为玻璃比色皿和石英比色皿两种，玻璃吸收池用于可见光区，石英比色皿在可见和紫外光区都可用。紫外-可见分光光度计常用的比色皿规格有 0.5cm、1.0cm、2.0cm、3.0cm、5.0cm 等，使用时根据实际需要选择。

（4）检测器

检测器的作用是将光信号转变为电信号。对光电检测器的要求是灵敏度高、响应快、响应线性范围宽，对不同波长的光应具有相同的响应可靠性、噪声低、稳定性好、输出放大倍率高。

常用的检测器有光电管、光电倍增管、光电二极管阵列检测器等。光电倍增管因灵敏高、响应速度快而应用广泛。

（5）显示和读数系统

该部分的作用是将检测器输出的信号放大并指示或显示出来。紫外可见分光光度计通过内置微机系统可以实现对仪器调节控制、数据采集处理等功能。分光光度计与电脑工作站连接除了通过工作站软件对仪器调节和控制外，在数据采集、处理、存储、报告打印方面具有更强的操作功能。

3. 紫外可见分光光度计使用方法

紫外可见分光光度计（图 4-6）型号众多，紫外可见分光光度计单机可直接进行测量，也可以连接电脑工作站进行操作。操作方法大同小异。

（1）开机前检查

检查仪器电源和与工作站的信号连接线；检查比色皿的配套性；打开样品室盖，检查光路有无遮挡物。

（2）通电自检和预热

接通电源，仪器自动进入初始化状态，开始自检。如配套电脑工作站，启动计算机运行工作站软件，与主机连接成功后，通过工作站运行初始化，完成后预热 30min 左右。

图 4-6　紫外可见分光光度计

（3）选择测量模式和参数

分光光度计一般具有波长扫描、光度测量、定量分析、时间扫描、实时测量等全部或部分功能。根据需要可选择相应的测量模式，并设置波长、扫描精度、标样浓度等参数。

（4）测量样品

确保仪器进入正常工作状态后，根据测试需要或仪器的提示对样品进行测量。

（5）记录测量结果

按测试要求对测量数据进行记录、保存、报告打印等处理。

（6）关机

测试完毕后，取出样品室内的吸收池并清洗，关机，并填写使用记录。

4. 操作及安全注意事项

（1）实验室环境因素

仪器要避免高温和阳光直射；室内应保持干燥，相对湿度控制在 45％～65％之间，不应超过 80％；室内应无腐蚀性气体如 SO_2、NO_2、NH_3、酸雾等，最好样品处理室分开，定期更换仪器的干燥剂。

（2）保持电源电压的稳定性

仪器允许工作电压为（220±22）V，频率为（50±1）Hz，电源电压的波动有可能影响到光源和检测系统的稳定性，如果实验室电压波动较大，应配置稳压电源，并保持仪器接地良好。

（3）正确使用光源

分光光度计的光源都有一定的稳定期，特别是氘灯光源的寿命较短（约 2000～3000h）。为了延长光源使用寿命，应减少不必要的开关次数，刚关闭的光源灯不要立即重新开启，可稍等 5min 左右后开启，不用的光源可以关闭。当光源亮度明显减弱或不稳定时，应及时更换新灯。仪器连续使用时间不应超过 3h。若需长时间使用，最好间歇 30min。

（4）正确使用比色皿

比色皿要配套使用，记录比色皿的皿差并扣除；注意不要沾污或将比色皿的透光面磨损，若样品流到比色皿外壁时，应以滤纸吸干液体，再用镜头纸擦净后测量，切忌用滤纸擦拭，以免比色皿出现划痕，应手持比色皿的毛面；比色皿在盛装样品前，应用所盛装样品充分冲洗，倒入量不可过多，以吸收池高度的 4/5 为宜，测量结束后比色皿应用蒸馏水清洗干净后倒置晾干装盒。若比色皿污染较严重可用比色皿清洗液浸泡后清洗。含有腐蚀玻璃的物质（如 F_5、$SnCl_2$、H_3PO_4 等）的溶液，不得长时间盛放在吸收池中。不能用强碱或强氧化剂浸洗比色皿；不得在火焰或电炉上进行加热或烘烤吸收池。

（5）开关试样室盖时动作要轻缓

不要在仪器上方倾倒测试样品，以免样品污染仪器表面，损坏仪器。定期对仪器性能进行检查，发现问题及时处理。

警告：禁止在通电的情况下更换灯源，以防意外事故；禁止触摸已经点亮或刚关闭的灯源，以防灼伤；禁止直接观看灯源，特别是氙灯的出光孔，以防紫外线损伤眼睛。

二、红外实验室良好操作规范

1. 基本原理

当一定频率的红外光照射试样分子时，如果分子中某个基团的振动频率和它一样，二者就会产生共振，此时光的能量通过分子偶极矩的变化而传递给分子，表现为这个基团吸收这种频率的红外光，产生振动跃迁。若用连续改变频率的红外光照射某试样，由于该试样对某些频率的光有吸收，而对其他频率的光无吸收或有弱吸收，并且吸收的程度和该分子组成和结构有关，因此得到的红外谱图中包含了试样的组成和结构方面的信息。根据红外谱图可以鉴别化合物、确定物质分子结构，还可以对单一组分或混合物中某组分进行定量分析，尤其对于一些较难分离，并在紫外或可见光区没有明显特征峰的样品可方便、迅速地进行定量分析。

2. 仪器组成

红外光谱仪主要有两类：色散型红外光谱仪和傅里叶变换红外光谱仪（FT-IR）。其中 FT-IR 所占的份额越来越大，简要介绍如下。

傅里叶变换红外光谱仪的没有色散元件，主要由光源（硅碳棒、高压汞灯）、迈克尔逊干涉仪、检测器、计算机和记录元件组成，结构如图 4-7 所示。由红外光源 S 发出的红外光，经准直镜转变为平行红外光进入干涉仪系统，经干涉仪调制后得到一束干涉光。干涉光通过样品 Sa，获得的含有样品信息的干涉光信号达到检测器 D，被转变为干涉电信号。这种干涉信号经过 A/D 转换器送入计算机，由计算机进行傅立叶变换的快速计算，然后由 D/A 转换器后打印得到红外谱图。

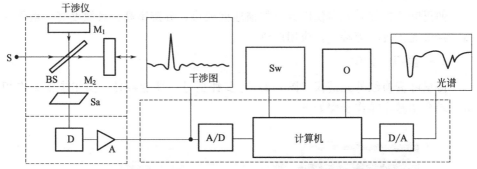

图 4-7　傅立叶变换红外光谱仪工作原理示意图

S—光源；M_1—定镜；M_2—动镜；BS—分束器；D—检测器；Sa—样品；A—放大器；

A/D—模数转换器；D/A—数模转换器；Sw—键盘；O—外部设备（打印机等）

FT-IR 的核心部分为迈克尔逊干涉仪，它并没有把光源来的红外光按频率分开，而是把各种频率的光信号经干涉作用调制为干涉光。这种干涉光经过样品吸收后能量发生改变，经过检测器检测后的信号，借助于傅立叶变换技术对每个频率的光强进行计算，从而得到吸收强度或透过率随波数变化的红外谱图。

（1）光源

红外光谱仪常用的光源是能斯特灯或硅碳棒。能斯特灯是用氧化锆、氧化钇和氧化钍烧结而成的中空棒和实心棒，通常是一种惰性固体，通电加热使之发射高强度的连续红外辐射，工作温度 1700℃左右。硅碳棒是由碳化硅烧结而成，工作温度在 1200～1500℃左右。

（2）吸收池

因玻璃、石英等材料不能完全透过红外光，红外吸收池要用可透过红外光的 NaCl、KBr、CsI、KRS-5（TlI58％-TlBr42％）等材料制成透光窗片。用 NaCl、KBr、CsI 等材料制成的窗片需注意防潮。固体试样可与纯 KBr 混匀压片，然后直接进行测定，或者用衰减全反射光谱附件（ATR）直接测试。

（3）检测器

检测器有高真空热电偶、热释电检测器和碲镉汞检测器等。其中，热释电检测器是利用硫酸三苷肽的单晶片作为检测元件。硫酸三苷肽（TGS）是铁电体，在一定的温度以下，能产生很大的极化反应，其极化强度与温度有关，温度升高，极化强度降低。将 TGS 薄片正面真空渡铬（半透明），背面镀金，形成两电极。当红外辐射光照射到薄片上时，引起温度升高，TGS 极化度改变，表面电荷减少，相当于"释放"了部分电荷，经放大，转变成电压或电流方式进行测量。

碲镉汞检测器（MCT 检测器）是由宽频带的半导体碲化镉和半金属化合物

碘化汞混合形成。

傅里叶变换红外光谱仪因具有扫描速度极快、分辨率高、灵敏度高、重复性高、杂散光干扰小等特点，应用广泛。

3. 仪器操作方法

傅里叶变换红外光谱仪（图 4-8）有多种型号，性能各异，操作步骤基本相似。现介绍基本操作步骤如下：

图 4-8　傅里叶变换红外光谱仪

① 开机前检查。检查仪器电源线和与计算机连接的信号线。查看仪器的配件和仪器内部的干燥状况。

② 通电自检及预热。依次打开主机（光学台）及电脑电源，初始化自检完成后 3min 即可稳定。运行工作站软件，检查与仪器连接状态并预热。

③ 设置仪器参数。在实验设置界面下，分别设置分辨率、扫描次数、背景处理方式、谱图保存等项目后，按确定完成设置。

④ 测试。将预先处理好后样品放入样品槽中，点击确定，开始测定。

⑤ 谱图处理。在谱图处理界面可以对谱图进行基线校正、平滑处理、标峰等处理；在谱图检索界面，选择加载红外谱图库文件，然后对得到的谱图进行检索。

⑥ 关机。取出样品，在样品槽位置放入干燥剂袋。依次关闭主机和电脑电源，用软布遮盖仪器，填写仪器使用记录。

4. 操作及安全注意事项

① 仪器应放置在恒温、干燥、无震动的环境中，特别应该关注实验室的湿度变化，一般要求相对湿度应小于 65％，必要时实验室加装空调和除湿机。

② 仪器室应该放在单独的房间，要和制样间完全分隔，以免样品处理过程中可能产生的废气污染和干扰红外光谱仪。

③ 保护好仪器的光学窗口和元件，绝对禁止用任何东西擦拭光学镜面，镜面若有积灰应用洗耳球吹。

④ 使用后的样品池应及时清洗，干燥后存放于干燥器中。

警告：红外光谱仪为高精度分析设备，严禁擅自挪动仪器位置；应定期更换干燥用变色硅胶，保持仪器处于安全的湿度环境；实验期间严禁直接用手或锐利物件接触光谱仪敏感光学元件。

三、原子吸收实验室良好操作规范

1. 工作原理

原子吸收光谱法是根据基态原子对特征波长光的吸收，测定试样中待测元素含量的分析方法。

原子吸收分光光度法是将被分析物质以适当方法转变为溶液，并将溶液引入原子化器，被测元素在原子化器中得到能量，被转化为基态原子蒸气。当光源发射出的特征谱线通过基态原子蒸气时，光能因被基态原子所吸收而减弱。被基态原子吸收后的谱线，经分光系统分光后，由检测器接收转换为电信号，再经放大器放大，由显示系统显示出吸光度或光谱图。

当特征谱线强度及其他实验条件一定时，基态原子蒸气的吸光度与试液中待测元素的浓度成正比，据此可进行定量分析测试。

原子吸收光谱法具有灵敏度高、检出限低、准确度高、选择性好、操作简便等特点，在地质、矿产、农业、冶金、化工、环境监测、食品、生化和制药中得到了广泛的应用。

2. 仪器结构组成

原子吸收分光光度计一般由光源、原子化系统、单色器、检测系统等部分组成，如图 4-9 所示。

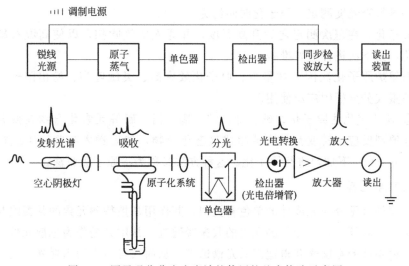

图 4-9 原子吸收分光光度计的使用的基本构造示意图

（1）光源

仪器广泛使用待测元素的空心阴极灯作为光源，蒸气放电灯、高频无极放电灯和可调激光光源灯也有应用。

（2）原子化系统

将试样中的待测元素转变成气态的能吸收特征辐射的基态原子蒸气的过程，称为原子化。完成原子化过程的装置称为原子化器或原子化系统。试样溶液变成原子蒸气需要大量的能量。原子化系统有以下几种。

① 火焰原子化装置。火焰原子化器包括雾化器和燃烧器。雾化器的作用是将试液转变成细微、均匀的雾滴，并以稳定的速率进入燃烧器。燃烧器的作用是使雾滴中的被测组分原子化，试液雾滴在火焰中脱水、汽化、热分解原子化转变为原子蒸气。

乙炔-空气火焰是分析中最常用的火焰，最高火焰温度约为2300℃，能测定35种以上的元素。乙炔-N_2O火焰最高温度大约3000℃，大约可测定70种元素。

② 无火焰原子化装置。将试样或试液置于石墨炉中，用大电流通过石墨炉并将其快速加热至3000℃左右使试样原子化。

为了防止样品及石墨炉本身被氧化，需要在惰性气氛中进行加温（不断通入氩气）。测定过程分干燥—灰化—原子化—净化四个阶段进行程序升温。这个程序升温过程一般由计算机自动控制。

a.干燥。干燥温度一般在100℃左右，每微升试液的干燥时间为1～2s。

b.灰化。除去共存有机物或低沸点无机物烟雾的干扰，灰化时间应与试样量成正比。

c.原子化。原子化温度随待测元素不同而异，待测元素在高温下转变为原子蒸气并进行吸光度测定。原子化时间约为3～10s。

d.净化。在每次测定之后升高温度，并通入氩气吹扫，以使高温石墨炉内部净化，为下次进样做好准备。

石墨炉原子化法因需样量少、原子化效率高、灵敏度高、检出限低，在微量、痕量成分分析中广泛使用。

③ 还原气化法原子化。砷、锑、铋、锡、铅、硒等元素化合物在低温下能与强还原剂反应，转变为气态或生成气态化合物，然后送入吸收池中或在低温（低于1000℃）下加热进行原子化，这种方法又称为冷原子吸收法。

（3）单色器

与紫外可见分光光度计的单色器类似，其作用是把待测元素的共振线与其他干扰谱线分离开来，只让待测元素的共振线通过。常用光栅作为色散元件，通过调节出射狭缝的宽度来获得适当的光谱通带，从而获得适当的出射光强度，并减少非特征谱线对测定的影响。

（4）检测系统

检测和显示装置的作用是将待测的光信号转换为电信号，经放大、降噪、转换等运算过程后显示出来。中、高档仪器都配有功能齐全的工作站，用计算机软件实现对仪器的调节和控制，并对信号进行采集、处理保存、报告打印等功能，用优化的程序来处理测定过程中的各种问题。

3. 基本操作规范

原子吸收分光光度计（图 4-10）有多种型号，现简单介绍其基本操作步骤。

图 4-10　原子吸收分光光度计

（1）火焰原子吸收分光光度计的基本操作步骤

① 检查仪器连接。检查乙炔、压缩空气、氧化亚氮等气路管线的密封性，确保密封良好不漏气；检查主机和计算机电源线及信号线连接良好；检查废液瓶水封良好；检查实验室排风机运转正常。

② 通电自检预热。开启主机电源开关，并等待自检通过。打开原子吸收操作软件，确保仪器连接正常，预热数十分钟。

③ 选择并安装元素灯。选择火焰法模式，根据分析需要安装元素灯并记住元素灯的安装位置，将待测元素灯位选为工作灯可同时预热下一个待测元素灯。

④ 设置分析条件。可根据不同的元素选择不同的带宽、波长、灯电流以及燃气和助燃气的流量，若无特殊情况，可以采用仪器默认条件；根据不同的元素适当选择背景校正方法。设置或修改后，自动寻峰并观察峰形图以及灯能量，必要时进行调整。

⑤ 设置标准曲线参数。设置标准曲线方程（线性或非线性）、单位（mg/L）以及标准样品数量等参数。

⑥ 点火。先检查水封是否加满水，然后打开空气压缩机至输出压力 0.35MPa 左右，调节乙炔输出压力 0.1~0.13MPa，单击点火按钮点火。

⑦ 调零并测量。毛细管插入离子水中按调零按钮。在测试界面，从低浓度到高浓度依次吸入标准溶液，待测试基线稳定以后读取数据，直至得到相应的标准曲线。然后用纯水中清洗至吸光度下降以后再测试下一个样品，每个样品测试

之间都需要放入空白样品中清洗，完成后单击结束，将毛细管放入纯水清洗 3～5min。测试结束单击"保存"，需要打印单击"打印"报告。

⑧ 关机。先关乙炔气，待火焰自动熄灭后，单击点火关火最后关掉空气压缩机，再把空压机内的气机放空，气水分离器中的气体与水分放空。若空气潮湿，需要定期打开分水阀。填写仪器使用记录。

（2）石墨炉法原子吸收分光光度计的基本操作

① 检查仪器连接。检查主机电源和数据线是否连接正确；确认冷却水系统连接正常并打开；检查氩气管路连接良好；检查石墨管是否完好。如配备自动进样器还应检查自动进样器的清洗瓶是否有足够的清洗液，是否会有阻碍自动进样器正常工作的物品，并保持废液管道接到废液桶等。确保实验室通风设施打开。

② 开机。开启主机电源开关，仪器自检，并等待自检通过。打开原子吸收操作软件，检查仪器连接状态是否正常。

③ 选择方法并连接元素灯。建立新方法，选择石墨炉模式，根据分析需要装上元素灯，将待测元素灯位选为工作灯，可同时预热下一个待测元素灯。

④ 设置仪器条件。不同的元素分析需要采用不同的参数条件，一般情况下可默认工作站内置的元素最佳条件，必要时可以选择优化后的测试条件，也可以用寻峰功能检查峰形图以及灯能量，自动调整空心阴极灯的能量。选择背景校正方式如氘灯校正或自吸扣背景或者塞曼扣背景；选择峰面积或峰高计算方式；选择样品重测次数等参数，保存所选参数。

⑤ 设置标准曲线及样品参数。设置标准曲线与火焰法一致，石墨炉选择浓度单位为 $\mu g/L$，校正方程可选择线性曲线或非线性拟合曲线；输入标准溶液的浓度和编号、设置样品的数量、体积、质量、稀释倍数等参数。

⑥ 设置自动进样器参数。若配置自动进样器则需要输入清洗体积和次数、进样体积、进样位置等参数。若标准溶液采用在线稀释方法配制，则只需配制标准溶液的最高浓度和空白溶液，并放入相应的位置，设定标准系列的其他浓度。

⑦ 测试。在不进任何样品和溶液的情况下，运行一次升温程序，可以清除残留在石墨管内的杂质，确保石墨管没有干扰污染，然后按照方法程序依次测试标准溶液及样品。

⑧ 关机。先关主机电源，再关石墨炉电源，最后关氩气和循环水。

4. 操作安全注意事项

（1）原子吸收分光光度计对实验室环境的要求

原子吸收分析过程中可能存在多种安全和健康等方面隐患，因此对实验室环境有较多的要求（如表 4-12）。

表 4-12　原子吸收分光光度计对实验室环境的要求

温度和湿度	恒温 10~30℃,相对湿度小于 70%
废液排放	仪器废液排放需符合实验室要求,如专用的废液收集桶
供水	实验室具备上下水设施或者低温循环冷却装置
供电	电源电压要求(220±22)V,如电压波动较大需配备稳压电源。石墨炉装置用电功率较大,须配置专用插座或空气开关,并且与主机电源分配在不同相,以免石墨炉工作引起的波动影响到主机的稳定性。须接地良好
供气	乙炔、氩气通过高压钢瓶提供,纯度≥99.99%,空气由压缩机供应
防火防爆	实验室应配备 CO_2 灭火器,气瓶柜有漏气报警器
通风	实验室应配备排风管,仪器工作时产生的废气及时排出室外
其他要求	工作台坚固防震,避免阳光直射仪器,防尘,防静电等

（2）正确使用和维护气路系统

使用火焰原子吸收分光光度计时要做好以下工作：①要定期检查气路接头和封口是否存在漏气现象，特别要杜绝乙炔气体的泄漏现象。②每次使用仪器时，要检查废液管道的水封，确保水封良好。使用中要观察水封、燃烧器火焰状况等，如发现异常应及时采取措施，防止发生"回火"。③乙炔钢瓶严禁剧烈振动和撞击。工作时应直立，温度不宜超过 30~40℃。开启钢瓶时，阀门旋开不超过 1.5 圈，以防止丙酮逸出。乙炔钢瓶的输出压力应不低于 0.05MPa，否则应及时充乙炔气，以免丙酮进入火焰，对测量造成干扰。④每次使用前后检查空气压缩机气水分离器的积水，防止水进入流量计影响调节的准确性。

（3）及时清洁和维护火焰原子化器

①每次分析操作完毕，特别是分析过高浓度或强酸样品后，要立即吸喷去离子水数分钟，以防止雾化器和燃烧头被玷污或锈蚀。仪器的不锈钢喷雾器为铂铱合金毛细管，不宜测定高氟浓度样品，使用后应立即用蒸馏水清洗，防止腐蚀；吸液用聚乙烯管应保持清洁，无油污，防止弯折；发现堵塞，可用软钢丝清除。②预混室要定期清洗积垢，喷过浓酸、碱液后，要仔细清洗；日常工作后应用蒸馏水吸喷 5~10min 进行清洗。③点火后，燃烧器的缝隙上方，应是一片燃烧均匀、呈带状的蓝色火焰。若火焰呈齿形，说明燃烧头缝隙上有污物，需要清洗。如果污物是盐类结晶，可用滤纸插入缝口擦拭，必要时应卸下燃烧器，用 1∶1 乙醇-丙酮清洗；如有熔珠可用金相砂纸打磨，严禁用酸浸泡。④测试有机试样后要立即对燃烧器进行清洗、一般应先吸喷容易与有机样品混合的有机溶剂约 5min，再吸喷 $w(HNO_3)=1\%$ 的溶液 5min，并将废液排放管和废液容器倒空重新装水。

（4）正确使用和维护好石墨炉原子化器

①多数石墨炉的最大允许温度为 3000℃，但从石墨炉使用寿命和分析测试

的质量考虑，使用温度一般不要超过2700℃，维持时长不要超过6s。②石墨炉长期使用后会在进样口周围沉积一些污物，应及时用软布擦去。炉两端的窗玻璃（石英玻璃）最容易被样品弄脏而严重影响透射比，应随时观察窗玻璃的清洁程度，一旦积有污物应拆下窗玻璃（小心打碎），用蘸有无水酒精的细软布擦净后重新安装好。③操作时切记要保证惰性气体（保护气）和冷却水的流通，惰性气体的流通要比冷却水更重要，无保护气的加热会彻底烧毁炉子。④石墨炉分析的精度（重现性）因进样的方法而变化，要想有良好的重现性，应熟练掌握微量进样器的使用方法和保持进样点的一致。不能将进样头接触除溶液以外的任何物品，以免污染进样头。若发现进样头损坏或挂沾液滴，应换上新的进样头。⑤石墨炉灵敏度非常高，绝不允许注入高浓度样品，过高的浓溶液会严重污染石墨炉并产生严重的记忆效应。

仪器对于用石墨炉作痕量或超痕量分析的实验室，其室内清洁程度比火焰原子化法有更严格的要求。室内空气应该过滤；地板、墙壁要特别装备防尘材料，以达到超净要求；尤其是分析钙、钾、钠、镁、锌这些极易严重受环境污染的元素时，只能使用由惰性塑料聚四氟乙烯装饰的实验室。要得到准确的测量结果，接触器皿要特别小心，并确保环境清洁。

（5）**正确应用和维护空心阴极灯**

①空心阴极灯使用前应经过一段预热时间，使灯的发光强度达到稳定。预热时间随灯元素的不同而不同，一般在20～30min之间。②根据灯点燃后阴极辉光的颜色可以判断灯的工作是否正常。方法如下：充氖气的灯阴极辉光的颜色是橙红色；充氩气的灯阴极辉光的颜色是淡紫色；汞灯是蓝色。灯内有杂质气体存在时，阴极辉光的颜色变淡。如充氖气的灯，颜色可变为粉红色，发蓝或发白，若遇这种情况，应该对灯进行处理。③空心阴极灯工作电流不宜过大，一般选取该灯额定最大工作电流的1/3或2/3电流左右。选择原则为确保灯提供足够能量的前提下，尽量用较小的工作电流。④使用元素灯时，应轻拿轻放；低熔点的灯用完后，要等冷却后才能移动。为了使空心阴极灯发射强度稳定，要保持空心阴极灯石英窗口洁净，点亮后要盖好灯室盖，测量过程中不要打开灯室盖。当发现空心阴极灯的石英窗口有污染时，应用脱脂棉蘸无水乙醇擦拭干净。⑤长期不用的元素灯则需每隔1～2个月，在额定工作电流下点燃1h左右，以免性能下降。对新购置的空心阴极灯的发射线波长和强度以及背景发射的情况，应首先进行扫描测试和登记，以方便后期检查。

警告：紧急情况下，应立即关闭主机电源，并关闭连接的附件。突然断电可能会造成仪器的损坏或电脑数据的丢失。压缩气体压力突然减小或者泄漏应停止测试，立即关闭气瓶总阀，用肥皂水查找泄漏点，并立即处理。测试过程中可能会接触到一些有毒有害或腐蚀性的物质，必须做好安全防护措施如：穿着防护服、佩戴防护眼镜以及防护手套等，避免和皮肤直接接触。原子吸收分光光度计使用的元素灯、氘灯发射的紫外线都会对眼睛和皮肤造成损伤。使用过程中不要直接盯着空心阴极灯、氘灯和石墨炉升温时发出的强光看。石墨炉工作时会产生高温，应在保证冷却系统正常工作的情况下进行工作，且勿在仪器工作状态下用手触摸这个区域。使用笑气-乙炔火焰时，乙炔流量小于 2L/min 等情况，容易发生"回火"。一旦发生"回火"，应镇定地迅速关闭燃气，然后关闭助燃气，切断仪器电源。若回火引燃了供气管道及附近物品时，应采用二氧化碳灭火器灭火。防止回火的点火操作顺序为先开助燃气，后开燃气；熄火顺序为先关燃气，待火熄灭后，再关助燃气。

四、气相色谱仪实验室良好操作规范

1. 工作原理

试样气体由载气携带进入色谱柱，与固定相（固体吸附剂或固定液）之间发生相互作用，这种相互作用大小的差异使各组分互相分离，依次从色谱柱流出，用检测器将流出组分的浓度或质量信号转变为电信号，记录得到色谱图。

在一定条件下，组分在色谱柱里的保留值具有特征性，依据保留值可以对组分进行定性分析。色谱峰面积或峰高大小与每个组分在样品中的含量相关，依据色谱峰面积或峰高可以对组分进行定量分析。

2. 仪器组成

气相色谱仪主要由气路系统、进样系统、分离系统、检测系统、记录及数据处理系统等部分组成。图 4-11 为一种典型的气相色谱仪流程图，该流程经过简单的切换，可分别进行毛细管色谱柱和填充柱的色谱分析。

（1）气路系统

气相色谱分析要求气路系统载气纯净、密闭性好、流速稳定且可调。载气作为流动相，其作用是把样品输送到色谱柱和检测器，为色谱分离过程提供动力。常用的载气有 N_2、H_2、Ar、He 等，这些气体由高压气瓶或气体发生器提供，纯度要求≥99.99％。高压气体经过减压、净化后输入到色谱仪，然后经过稳压、稳流等部件后依次进入汽化室、色谱柱，并经检测器后排出放空。普通气相色谱仪载气压力和流量基本通过手工进行调控，中高档气相色谱仪多采用电子压力或流量控制系统，通过色谱工作站对载气压力或流量进行设置，可方便地进行程序升速、程序升温等操作。

（2）进样系统

进样系统由进样装置和汽化室组成，形式和种类较多，其作用是将样品定量引入色谱气路系统，并使样品完全汽化，然后由载气将样品蒸气快速带入色谱柱。

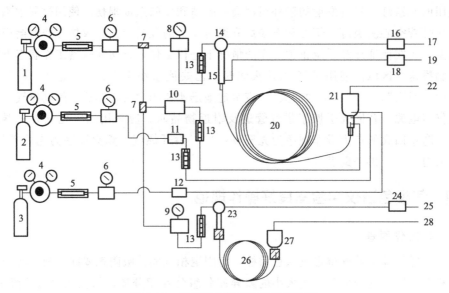

图 4-11　毛细管和填充柱色谱流程图

1—载气；2—氢气；3—空气；4—减压阀；5—过滤器；6—压力表；7—三通；8,9—稳压阀；

10,11,12—流量调节阀；13—流量计；14—汽化室；15—分流阀；16,18,24—气阻；

17,19,22,25,28—放空；20,26—色谱柱；21—氢焰检测器；23—进样口；27—检测器

气体样品常使用六通阀进样，液体试样通过微量注射器注入汽化室转化为蒸气，然后进入色谱柱。

毛细管柱因其柱容量小，多采用分流/不分流进样系统。这种系统将汽化后试样的小部分送入色谱柱，大部分放空。在分流进样时，进入色谱柱载气的流量与放空载气的流量之比称为分流比。毛细管做样时分流比范围一般在1∶10～1∶100之间。

（3）分离系统

分离系统的核心是色谱柱，样品中各组分在色谱柱中得到分离。色谱柱安装在能够精确控温的柱箱里。色谱柱有填充柱和毛细管柱两大类。填充柱在柱内均匀、紧密地装填着固定相颗粒，一般柱长1～5m，柱内径2～6mm。毛细管柱的固定相涂布或结合在柱管内壁或载体上，常见毛细管柱内径有 0.25mm、0.32mm、0.53mm 等规格，长度25～100mm，毛细管柱具有较高的柱效能，适宜于分离组成复杂的混合物，应用非常广泛。

（4）检测系统

检测系统的作用是将来自色谱柱各组分的浓度信号或质量信号转变为电信号。气相色谱检测器种类较多，热导检测器（TCD）和氢火焰离子化检测器（FID）是最常用两种普及型检测器。此外，电子捕获检测器（ECD）、火焰光度检测器（FPD）、氮磷检测器（NPD）、光离子化检测器（PID）等也应用广泛。

① 热导检测器（TCD）。样品蒸气和载气导热性能的差异会引起检测元件热敏电阻温度和阻值的变化，利用这种特性可以将样品组分浓度的变化转变电信号的变化，记录这种变化过程即可得到气相色谱图。TCD检测器是通用性检测器，对所有的样品都有响应。

② 氢火焰离子化检测器（FID）。FID是基于有机物蒸气在氢火焰中燃烧时发生部分电离，生成的带电离子在电场作用下产生电流信号。FID一般以氮气作载气，以氢气作燃气，空气作助燃气体。FID产生的电信号与单位时间内进入火焰内的有机物组分质量成正比，因此它是质量型检测器。FID对绝大多数有机物具有很高的灵敏度，但对于在氢焰中不能电离的无机气体和水，没有响应。FID灵敏度比TCD高约三个数量级。

（5）记录及数据处理系统

数据处理系统的基本功能是将检测器输出的模拟信号随时间的变化曲线即色谱图记录下来。目前广泛使用色谱工作站进行数据采集处理等任务。它利用数据采集卡采集数据，利用分析软件对数据进行存储、变换、编辑、再处理、打印报告等操作。中高档色谱仪的工作站除了处理色谱数据外，还能够控制气相色谱仪，在工作站上对各种色谱条件进行设置和检测。

3. 气相色谱仪基本操作

气相色谱仪（图4-12）的品种型号繁多，但仪器的操作方法大同小异，以GC9790型气相色谱仪（FID，浙江福立）操作为例，介绍操作过程如下。

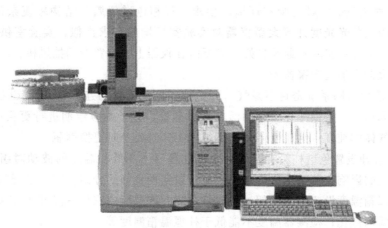

图4-12　气相色谱仪

① 开机前检查。检查载气、氢气和空气气路连接，确保不漏气；检查电源线和与工作站的信号线连接良好；检查已安装的色谱柱或安装新色谱柱，熟悉色谱柱最高使用温度，熟悉色谱柱连接的进样口和检测器的位置。

② 通载气。打开载气钢瓶总阀，调节减压阀输出压力为0.4MPa左右，调节

总压阀压力为 0.3MPa，调节稳流阀至分析需要的流量（可用皂膜流量计检测）。

③ 通电升温。打开主机总电源开关和加热开关，分别使色谱柱柱恒温箱温度、汽化室温度、检测器温度升温，仪器升温。

④ 开启 FID。待汽化室、柱恒温箱、检测器室达到设置温度后，调节 FID 至合适的灵敏度挡（共四挡，由大到小顺序为 1/10/100/1000）。打开空气压缩机待输出压力为 0.3MPa 后，调节仪器空气压力为 0.05MPa（对应流量为 150mL/min）；打开氢气钢瓶，调节减压阀输出压力为 0.2MPa 左右，再调节仪器氢气压力为 0.1MPa（对应流量为 30mL/min），用点火枪在检测器顶部直接点火，观察基线若有变化，或者用凉器皿在 FID 上方观察有水雾生成，说明 FID 火已点着，缓慢将空气压力调节至 0.1MPa（对应流量 300mL/min），在工作站上观察基线变化，待基线稳定后可进行分析。

⑤ 进样分析。用微量注射器抽取一定量的样品（如 1μL）进样，同时按下启动键，开始采集谱图。待色谱峰出完后，用停止按钮结束数据采集。根据分析需要继续在工作站建立分析方法文件，依次进标准样品和试样等。

⑥ 结束工作。依下列次序进行操作：先关闭氢气钢瓶总阀，气路压力回零后关闭减压阀和氢气稳压阀；分别调节柱箱温度为 50℃ 左右，汽化室温度和检测器温度为 100℃，开始降温；关闭空气压缩机电源和空气针阀；关闭色谱工作站；待各部分温度下降符合要求后，关闭仪器总电源开关；关闭载气总阀及减压阀，关闭载气总阀和稳流阀；清洗进样器；填写仪器使用记录等。

4. 操作安全注意事项

① 气相色谱仪对实验室环境的要求。气相色谱仪属于结构较复杂的仪器，与原子吸收分光光度计等大型仪器对实验室环境的要求类似，实验室供电要稳定，接地良好；实验室通风良好，必要时在仪器上方配置专用抽风机；实验室要配置灭火器及漏气报警器等。

② 确保气路系统密封不漏气。气源至气相色谱仪的连接管线应定期检查有无漏气和堵塞；干燥净化管中的活性炭、硅胶、分子筛应定期进行更换或烘干，以保证气体的纯度；钢瓶气体总压不足 2MPa 时要及时更换钢瓶。

③ 合理设置色谱柱箱等温度。色谱柱箱温度高低和温度的波动对组分的分离有直接的影响，调整合适的柱箱温度可以实现良好的分离。需要牢记的是：色谱柱恒温箱温度设置不允许超过色谱柱最高允许温度；汽化室温度要确保试样能够完全瞬间汽化；检测器温度不能低于柱恒温箱温度等。

④ 做好汽化室的清洁维护工作。随着仪器的长期使用，进样密封垫硅橡胶微粒以及样品中的杂质都可能会积聚并污染汽化室，影响和干扰正常出峰，应定期更换进样密封垫，更换进样器衬管，或者对汽化室进行清洗。

⑤ 仔细清洗微量注射器。微量注射器使用前后都要用溶剂洗净，进样前要用试样溶液充分润洗。

⑥ 正确使用和保管色谱柱。新制备或新安装的色谱柱使用前必须进行老化处理，使其性能达到稳定；必要时为色谱柱建立技术档案；色谱柱不用时，应将其从仪器上卸下，将柱两端密封保存。

⑦ TCD 检测器维护。TCD 未通载气严禁加载桥电流，且应在关机时等温度下降后再关闭载气，以防元件的氧化。桥电流不允许超过额定值。在保证分析灵敏度的情况下，应尽量使用低桥电流以延长钨丝的使用寿命。TCD 长期不使用时，需将进气口、出气口堵塞，以确保钨丝不被氧化。

⑧ FID 检测器维护。尽量采用高纯气源，空气必须经过 5A 分子筛以充分地净化。在最佳的 N_2/H_2/空气流速的条件下使用。离子室要注意避免外界干扰，保证使它处于屏蔽、干燥和清洁的环境中。

警告：仪器在使用过程中，突然断电可能会造成仪器的损坏或电脑数据的丢失。应立即关闭主机电源，待各部分温度下降后关闭气路。

突然出现气体泄漏应立即关闭气瓶总阀，保持实验室通风良好，视泄漏具体情况关闭主机电源，用肥皂水查找泄漏点，并立即处理。

使用 TCD 时，如果用氢气作载气可以获得较高的测定灵敏度，但是从 TCD 排出的氢气以及样品中可能存在的有害气体具有危害性，必须用适当的管路引导排放到室外，避免氢气在实验室的聚集。

气相色谱分析样品配制量总体很小时不具有危险性，对于一些有毒试样的分析如有必要做好安全防护措施如：穿着防护服、佩戴防护眼镜以及防护手套等，避免和皮肤直接接触。

五、高效液相色谱实验室良好操作规范

1. 工作原理

高效液相色谱（简称 HPLC）的试样由液体流动相（又称洗脱液）携带进入色谱柱，与固定相（固体吸附剂、固定液或键合相等）之间发生相互作用，各组分在两相之间作用力的差异使得它们得以分离，依次从色谱柱流出，用检测器将流出组分的浓度或质量信号转变为电信号，记录得到色谱图。

与气相色谱类似，依据组分的保留值可以对组分进行定性分析。依据色谱峰面积或峰高可以对组分进行定量分析。

高效液相色谱按照分离机理可以分为液固吸附色谱、液液分配色谱、键合相色谱、凝胶色谱和离子色谱等。高效液相色谱法具有选择性高、分离效率高、灵敏度高、分析速度快等特点，适合于分析高分子、高沸点、热稳定性差的有机化合物以及具有生物活性的物质。

2. 仪器基本组成

高效液相色谱仪（HPLC）由高压输液系统、进样器、色谱柱、检测器等组

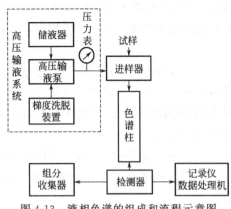

图 4-13 液相色谱的组成和流程示意图

成。典型的高效液相色谱仪的组成和流程如图 4-13 所示。储液器储存流动相，流动相经过滤和脱气后，高压输液泵将储液器中的流动相以稳定的流速或压力输送至分析系统，在色谱柱之前通过进样器将样品导入，流动相将试样依次带入预柱、色谱柱，样品组分依据在两相间作用力的差异达到分离，随流动相依次流至检测器，检测器产生的信号再经放大器放大和数据处理系统的运算处理，获得的色谱图及分析结果可以显示、储存或打印。

（1）高压输液系统

高压输液系统一般包括储液器、高压输液泵及梯度洗脱装置等。

① 储液器。储液器为使用耐腐蚀的不锈钢、玻璃、聚四氟乙烯或特种塑料聚醚醚酮（简写为 PEEK）等材质的容器，容积一般以 0.5~2.0L 为宜。

② 高压输液泵。作用是将流动相以稳定的流速或压力输送到色谱柱系统。高压输液泵有恒压泵和恒流泵两大类，恒压泵使输出的液体压力保持稳定，而恒流泵则使输出的流体流量稳定。目前，高效液相色谱仪普遍采用往复式恒流泵，特别是双柱塞型往复泵用微处理器软件精密控制柱塞运动，具有液路缓冲器，可获得较高的流量稳定性，尤其适用于梯度洗脱。

③ 梯度洗脱装置。作用是在分析过程中按照预先设定的程序改变流动相的配比，获得极性和选择性不同的流动相，达到改善分离效果、缩短分析时间的目的。对简单试样的分析一般采用等度洗脱方式，即不改变流动相的配比；而对较复杂样品的分析采用梯度洗脱方式，即按照程序连续或阶段地改变流动相组成。

梯度洗脱装置按照溶液混合的方式又可分为高压梯度和低压梯度。高压梯度由两台高压输液泵和混合器等组成，用两台高压输液泵分别将不同溶剂加压，按设定比例输送至混合器混合，然后以一定的流量输出。低压梯度由一台高压输液泵和比例电磁阀组成，按通过比例电磁阀按一定程序将不同溶剂混合均匀，再用泵加压输入色谱柱。

（2）进样系统

液相色谱进样过程由微量注射器和六通阀（如图 4-14 所示）配合完成。分析进样体积由六通阀的定量管大小决定，通常使用 10μL 和 20μL 的定量管。在六通阀取样位置，用微量注射器将试样溶液注满定量管后，旋转阀柄至进样位置即完成进样。

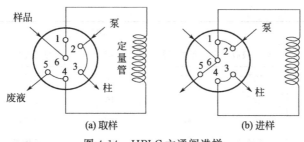

图 4-14　HPLC 六通阀进样

自动进样器在微机控制下即可自动完成取样、进样、清洗等一系列操作指令，进样重复性高，适合作大量样品的分析。

（3）色谱柱和柱恒温箱

色谱柱是高效液相色谱仪的核心，要求分离度高，柱容量大，分析速度快。色谱柱一般由柱管、压帽、卡套、筛板、接头螺丝等组成。常用色谱柱内径有 4.6mm、3.9mm、2mm 等规格，柱长 100～300mm。色谱柱内装填一定规格的高效填料。其中，非极性烷基键合相是目前应用最广泛的柱填料，尤其是正十八烷反相键合相（简称 ODS），在反相液相色谱中发挥着重要作用。

提高柱温有利于降低溶剂黏度和提高样品溶解度，改变分离度，也是保留值重复稳定的必要条件。柱恒温箱用于调节和保持柱温，一般柱恒温箱最高温度不超过 80℃。

（4）检测器

检测器可分为通用型检测器和选择性检测器两类。通用型检测器是指色谱柱流出液中的所有组分物质都能被检测，这类检测器包括折射率检测器、电导检测器和蒸发光散射检测器等；选择性检测器只能选择性地检测色谱柱流出液中的某一组分物质，是根据组分物质的某种特性进行检测的，这类检测器包括紫外-可见光检测器、荧光检测器等。

HPLC 常见检测器的性能指标如表 4-13 所示。

紫外-可见光检测器是 HPLC 中应用最广泛的检测器，能够检测在可见光区或紫外光区有吸收的组分。检测灵敏度高；线性范围宽；流通池体积小；对流动相和温度变化不敏感；不破坏样品；波长可以选择；可用于梯度洗脱。

表 4-13　HPLC 常见检测器的性能指标

性能	检测器				
	紫外吸收	示差折射	荧光	蒸发光散射	电化学
测量参数	吸光度	折射率	荧光强度	散射光强度	电流
类型	选择型	通用型	选择型	通用型	选择型
线性范围	10^5	10^4	10^3	较小	10^6

性能	检测器				
	紫外吸收	示差折射	荧光	蒸发光散射	电化学
灵敏度/(g/mL)	10^{-10}	10^{-7}	10^{-11}	10^{-10}	10^{-12}
检测限/g	10^{-9}	10^{-6}	10^{-10}	10^{-10}	10^{-3}
用于梯度洗脱	可以	不可以	可以	可以	不可以
对流量敏感性	不敏感	敏感	不敏感	不敏感	敏感
对温度敏感性	不敏感	敏感	不敏感	不敏感	敏感

光电二极管阵列检测器（PDA）可以检测全部紫外光波长上的色谱信号，同时测定吸光度-时间曲线、吸光度-波长曲线，提供更丰富的检测信息。

3. 高效液相色谱仪基本操作规程

高效液相色谱仪（图4-15）产品型号较多，基本操作规程大同小异，现以EClassical3100高效液相色谱仪（大连依利特）为例说明操作规程。

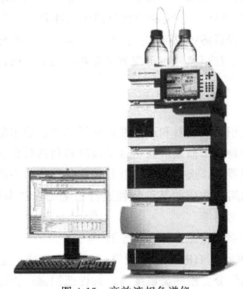

图4-15　高效液相色谱仪

（1）开机前准备和检查

根据方法要求准备所需的流动相（流动相必须用$0.45\mu m$滤膜过滤并脱气）、配置样品和标准品（必须用$0.45\mu m$滤膜过滤）、选择合适的色谱柱；通电前应检查仪器设备之间的电源线、数据线和输液管道是否连接正常。

（2）开机和泵操作

接通电源，依次打开P3100泵、UV3100检测器，待仪器自检结束显示正常状态后，视操作需要更换溶剂或排气泡。

① 更换溶剂。打开放空阀，将一小烧杯放在放空阀出口管下以收集流出的流动相；按冲洗键使泵用最大流量对流动相进行更换，也可连接注射器进行抽取；流动相更换完毕后将放空阀顺时针拧紧，运行 P3100 泵，更换系统其他部分流动相（进样阀、色谱柱及检测器）；待基线走平后，系统流动相基本彻底更换。

② 排气泡。在泵停止运行时，打开放空阀，在放空阀出口管处连接注射器进行抽取，确保输液管及熔剂过滤头没有气泡。

（3）运行工作站

启动计算机，运行工作站软件 W3100，进入系统主界面，单击仪器控制选项，对泵的流量、梯度曲线进行设置，同时对检测器波长设定及柱恒温箱温度设定确认后，启动数据采集。随后泵会按电脑设定流量开始运行。

（4）平衡系统

分两种情况进行。

① 等度模式。每次用 1mL/min 的甲醇冲洗系统最少 10min。检查管路连接、柱接口及泵头处是否漏液，如漏液应予以排除。观察泵控制面板上的压力值，压力波动平稳后，按检验方法规定的流动相比例冲洗系统。在检查基线稳定性前，让最少 5～6 倍柱体积的流动相通过系统。基线监测如果 10min 后基线漂移 $<100\mu V$，噪声为 $<500\mu V$ 数量级，且压力平稳，可认为系统已达到平衡状态，可以进样。

② 梯度模式。按检验方法规定的条件冲洗平衡系统，并注意压力波动变化和排气泡。在进样前运行 1～2 次空白梯度。

（5）进样

进样前，进样阀处于 INJECT 位置，数据采集处于等待状态；用试样溶液清洗注射器 3 次以上，抽取适量并排除气泡后将注射器针完全插入进样阀入口中；将进样阀手柄转动至 Load 位置，平稳地注入试样溶液；让注射器留在进样阀上，将进样阀手柄快速转动至 INJECT 位置，系统将自动运行采集数据并记录图谱。让进样阀手柄保持在 INJECT 位置，将注射器从进样阀中拔出。

（6）数据处理和打印

打开存储的谱图文件，根据需要进行适当处理后，编辑并打印报告。

（7）清洗系统和关机

数据采集完毕后，继续用流动相将系统冲洗 10min，清洗进样器和色谱柱。对 C18 柱用甲醇或乙腈冲洗 20min，确保基线最少 10min 为直线。如有盐溶液，C18 柱先用 10％甲醇水以 1mL/min 冲洗 40min 以上，再用甲醇或乙腈冲洗。系统清洗完成后，先将泵流速降到 0，待泵压力显示为 0 时再依次关闭泵、检测器、溶剂管理器、柱恒温箱，最后关闭电源。数据处理完成后，关闭工作站所有窗口，退出 W3200 软件系统，再依次关闭计算机主机、显示器、打印机等。填写使用记录。

4. 操作安全注意事项

（1）高效液相色谱仪对实验室环境的要求

① 环境温度波动会影响设备稳定性能，室内温度尽可能控制在 10～30℃ 范围内且尽量减少温度波动，过于潮湿的环境也会对仪器造成伤害，湿度应控制在 20％～80％ 范围内。

② 测试时可能会使用大量有机试剂，这些有机试剂大都具有毒性与可燃性，为防止火灾的发生，室内必须通风良好，附近严禁烟火，严禁放置或使用其他可能引起火花的设备。为以防万一，附近必需配有洗手池、灭火装置与报警装置。如有害试剂进入眼中或与皮肤接触，请立即冲洗，随后根据实际情况选择是否去医院就诊。

③ 实验室台面必须整洁、平坦、稳固；仪器要避免放置在阳光直射的地方，由空调及其他设备产生的气流不要直接吹向仪器。

（2）使用中的安全问题

① 使用仪器时要远离热源、火源、强磁场源、强振动源，仪器周围禁止摆放大量易燃、易爆物品。

② 存放流动相的储液瓶瓶盖上要留有气孔，防止连续使用时瓶内产生负压，发生危险。废液管与废液瓶塞之间要留有缝隙，否则当废液过满时会发生废液瓶爆裂，但这一缝隙要小，防止废液中的有害溶剂过多地挥发到空气中，对周围环境产生污染。为防止意外，废液瓶容量不能过大，废液要及时清理。

③ 在配制、使用有毒、有腐蚀性样品与流动相时，要做好相应的防护措施，如穿着专用实验服、佩戴护目镜、手套、口罩等，以防止意外的发生，万一不小心身体接触到有毒、有腐蚀性试剂，应立即清洗，随后送往医院接受专业医生的治疗。

④ 所有溶剂要使用色谱纯级别或相当于此级别的，在使用前用不大于 0.45μm 的滤膜进行过滤，并使用在线过滤器，以确保没有细小的固体颗粒进入系统，以免划伤柱塞杆与密封圈及堵塞管路。在使用前还应对流动相进行脱气处理，防止在溶剂混合或者压力、温度发生变化时产生气泡，引起错误的指示信号。

⑤ 使用大量的易燃、易爆有机试剂时，当环境中试剂浓度过高时，任何静电火花或明火均有可能引起火灾或爆炸事故，所以色谱仪应远离火源、热源与减少静电。

防止静电荷的产生及累积，可能采取的措施有：保持仪器接地线良好；室内保持适当的湿度（湿度大于65%，有防止静电的效果），减小室内尘埃，保持环境清洁；使用大流量流动相时更换较粗内径的配管；定期清理仪器表面灰尘；工作人员穿着防静电服，地板铺设防静电垫；禁止带电物体或带有静电的人员接触仪器等。

一、微生物实验室基本实验设备操作规范

微生物实验室的布局和设计应考虑操作和安全。本质是最大限度地减少微生物菌种的交叉污染，微生物样本的处理环境也很重要，因为环境也有引起污染的可能。规范微生物实验室内仪器、设备的安全操作及染菌的微生物培养物处理程序，对保证微生物实验室安全操作意义重大。

（一）高压灭菌锅的安全操作规范

手提式高压蒸汽灭菌锅结构见图4-16。

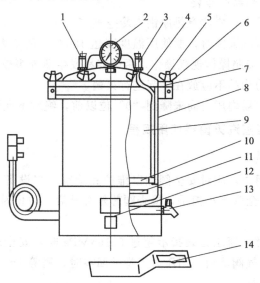

图4-16　手提式高压蒸汽灭菌锅结构

1—安全阀；2—压力表；3—放汽阀；4—容器盖；5—螺栓；6—翼形螺母；7—密封圈；8—容器；9—灭菌桶；10—筛板；11—电热管；12—指示灯；13—放水旋塞；14—翼形螺母扳手

1. 手提式高压蒸汽灭菌锅使用规范

（1）操作规程

① 准备：首先将内层灭菌桶取出，再向外层锅内加入适量的去离子水或蒸馏水，使水面与三角搁架相平为宜。

② 放回灭菌桶，并装入待灭菌物品。注意不要装得太挤，以免妨碍蒸汽流通而影响灭菌效果。三角烧瓶与试管口端均不要与桶壁接触，以免冷凝水淋湿包口的纸而透入棉塞。

③ 加盖，并将盖上的排气软管插入内层灭菌桶的排气槽内。再以两两对称的方式同时旋紧相对的两个螺栓，使螺栓松紧一致，勿使漏气。

④ 加热，并同时打开排气阀，使水沸腾以排除锅内的冷空气。待冷空气完全排尽后，关上排气阀，让锅内的温度随蒸汽压力增加而逐渐上升。当锅内压力升到所需压力时，控制热源，维持压力至所需时间（在温度或者压力达到所需时一般为 121℃/0.1MPa），需要切断电源，停止加热。当温度下降时，再开启电源开始加热，使温度维持在恒定的范围之内。

⑤ 灭菌所需时间到后，切断电源，让灭菌锅内温度自然下降，当压力表的压力降至 0 时，打开排气阀，旋松螺栓，打开盖子，取出灭菌物品。

（2）注意事项

① 灭菌物品不能堆得太满、太紧，以免影响温度均匀上升。

② 降温时待温度自然降至 60℃ 以下再打开箱门取出物品，以免因温度过高而骤然降温导致玻璃器皿炸裂。

③ 在灭菌过程中，应注意排净锅内冷空气。

④ 由于高压蒸汽灭菌时，要使用温度高达 120℃、两个大气压的过热蒸汽，操作时，必须严格按照操作规程操作，否则容易发生意外事故。

⑤ 不同类型的物品不应放在一起进行灭菌。

⑥ 在未放气，器内压力尚未降到"0"位以前，绝对不允许打开器盖。

2. 全自动高压蒸汽灭菌器使用规程

（1）操作规程

① 在设备使用中，应对安全阀加以维护和检查，当设备闲置较长时间重新使用时，应扳动安全阀上小扳手，检查阀芯是否灵活，防止因弹簧锈蚀影响安全阀起跳。

② 设备工作时，当压力表指示超过 0.165MPa 时，安全阀不开启，应立即关闭电源，打开放气阀旋钮，当压力表指针回零时，稍等 1～2min，再打开容器盖并及时更换安全阀。

（2）注意事项

① 堆放灭菌物品时，严禁堵塞安全阀的出气孔，必须留出空间保证其畅通

放气。

② 每次使用前必须检查外桶内水量是否保持在灭菌桶搁脚处。

③ 当灭菌器持续工作，在进行新的灭菌作业时，应留有 5min 的时间，并打开上盖让设备有时间冷却。

④ 灭菌液体时，应将液体罐装在硬质的耐热玻璃瓶中，以不超过 3/4 体积为好，瓶口选用棉花纱塞，切勿使用未开孔的橡胶或软木塞。特别注意：在灭菌液体结束时不准立即释放蒸汽，必须待压力表指针回复到零位后方可排放余汽。

⑤ 对不同类型、不同灭菌要求的物品，如敷料和液体等，切勿放在一起灭菌，以免顾此失彼，造成损失。

⑥ 取放物品时注意不要被蒸汽烫伤（可戴上隔热手套）。

（二）冰箱使用规程

（1）操作程序

① 开机：冰箱按说明书要求放好后，插上电源线，确定其在正常供电状态下。

② 将冰箱调节到所需功能。

③ 打开冰箱相应功能的箱门，将所需放置/取出的物品，放置/取出在冰箱、冰柜内。

④ 物品放置好/取出后，将箱门关严，通过屏幕显示确定其在正常供电情况。

（2）安全使用注意事项

① 严禁储存或靠近易燃、易爆、有腐蚀性物品及易挥发的气体、液体，不得在有可燃气体的环境中存放或使用。

② 实验室使用冰箱内禁止存放与实验无关的物品。储存在冰箱内的所有容器应当清楚地标明内装物品的科学名称、储存日期和储存者的姓名。未标明的或废旧物品应当高压灭菌并丢弃。

③ 放入冰箱内的所有试剂、样品、质控品等必须密封保存。

④ 箱体表面请勿放置较重或较热的物体，以免变形。

⑤ 保持冰箱出水口通畅。

⑥ 在清洁、除霜时，切不可用有机溶剂、开水及洗衣粉等对冰箱有害的物质。

（三）光学显微镜使用规范

（1）取镜和放置

右手紧握镜臂，左手托住镜座取出（特别禁止单手提显微镜，防止目镜从镜筒中滑脱）。放置桌边时动作要轻。一般应在身体的前面，略偏左，镜筒向前，镜臂向后，距桌边 7～10cm 处，以便观察和防止掉落。然后安放目镜和物镜。

显微镜的结构见图 4-17。

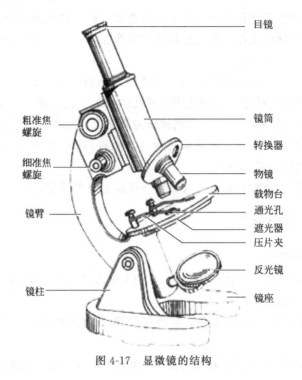

图 4-17　显微镜的结构

（2）对光

用拇指和中指移动旋转器，使低倍镜对准镜台的通光孔。打开光圈，上升集光器，并将反光镜转向光源，以左眼在目镜上观察（右眼睁开），同时调节反光镜方向，直到视野内的光线均匀明亮为止。

（3）低倍镜的使用方法

① 放置玻片标本：取一玻片标本放在镜台上，一定使有盖玻片的一面朝上，切不可放反，用推片器弹簧夹夹住，然后旋转推片器螺旋，将所要观察的部位调到通光孔的正中。

② 调节焦距：以左手按逆时针方向转动粗准焦螺旋，使镜台缓慢地上升至物镜距标本片约 5mm 处，要从右侧看着镜台上升，以免上升过多，造成镜头或标本片的损坏。然后，两眼同时睁开，用左眼在目镜上观察，左手顺时针方向缓慢转动粗准焦螺旋，使镜台缓慢下降，直到视野中出现清晰的物像为止。

（4）高倍镜的使用方法

① 选好目标：一定要先在低倍镜下把需进一步观察的部位调到中心，同时把物象调节到最清晰的程度，才能进行高倍镜的观察。

② 转动转换器，调换上高倍镜头，转换高倍镜时转动速度要慢，并从侧面

进行观察（防止高倍镜头碰撞玻片），如高倍镜头碰到玻片，说明低倍镜的焦距没有调好，应重新操作。

③ 调节焦距：转换好高倍镜后，用左眼在目镜上观察，此时一般能见到一个不太清楚的物象，可将细准焦螺旋逆时针转动约 0.5～1 圈，即可获得清晰的物像（切勿用粗准焦螺旋）。

（四）真空干燥箱的使用规程

（1）操作过程

① 需要干燥处理的物品放入真空干燥箱内，将箱门关上，并关闭放气阀，开启真空阀，再开启真空泵电源开始抽气，使箱内达到真空度－0.1MPa，关闭真空阀，再关闭真空泵电源开关。

② 把真空干燥箱电源开关拨至开处，选择所需的设定温度，箱内温度开始上升，当箱内温度接近设定温度时，加热指示灯忽亮忽熄，反复多次，一般 120min 以内进入恒温状态。

③ 当所需工作温度较低时，可采用二次设定方式，如所需工作温度 60℃，第一次可先设定 50℃，等温度过冲开始回落后，再第二次设定 60℃，这样可降低甚至杜绝温度过冲现象，尽快进入恒温状态。

④ 根据不同物品不同潮湿程度，选择不同的干燥时间，如干燥时间长，真空度下降，需要再次抽气恢复真空度，应先开启真空泵电机开关，再开启真空阀。

⑤ 干燥结束后，应先关闭电源，旋动放气阀，解除箱内真空状态，再打开箱门取出物品。（解除真空后，因密封圈与玻璃门吸紧变形不易立即打开箱门，应稍等片刻等密封圈恢复原形后，才能方便开启箱门。）

真空干燥箱见图 4-18。

图 4-18　真空干燥箱

（2）注意事项

① 真空箱外壳必须有效接地，以保证使用安全。

② 真空箱不连续抽气使用时，应先关闭真空阀，再关闭真空泵电机电源，否则真空泵油会倒灌至箱内。

③ 取出被处理物品时，如处理的是易燃物品，必须待温度冷却至低于燃点后，才能放入空气，以免发生氧化反应引起燃烧。

④ 真空箱无防爆装置，不得放入易爆物品干燥。

⑤ 非必要时，请勿随意拆开边门，以免损坏电器系统。

（3）维护与保养

① 真空箱应经常保持清洁，箱门玻璃应用松软棉布擦拭，切忌用化学溶剂擦拭，以免发生化学反应和擦伤玻璃。

② 如真空箱长期不用，应在电镀件上涂中性油脂或凡士林，以防腐蚀，并套好塑料薄膜防尘罩放在干燥的室内，以免电器件受潮而影响使用。

（五）生物安全柜操作规范

① 确认玻璃窗处于关闭位置后，打开紫外灯，对安全柜内工作空间进行灭菌。灭菌结束后，关闭紫外灯。安全柜使用前后均需灭菌。

② 抬起玻璃门至正常工作位置。打开外排风机。打开荧光灯及内置风机。检查回风格栅，使之不要被物品堵塞。在无任何阻碍状态下，让安全柜至少工作 10min。

③ 用消毒液彻底清洗手及手臂。穿上工作褂，戴橡胶手套并套在袖口上，如有必要，戴防护眼镜和防护面罩。

④ 尽量避免使用可干扰安全柜内气流流动的装置和程序。在操作期间，避免随便移动材料，避免操作者的手臂在前方开口处频繁移动，尽量减少气流干扰。尽量不要使用明火。

⑤ 全部工作结束后，用70%的乙醇或适当的中性消毒剂，擦拭安全柜内表面，让安全柜在无任何阻碍的情况下继续至少工作 5min，以清除工作区域内浮沉污染。

（六）废弃物处理规范和注意事项

（1）锐器

皮下注射针头用后不可再重复使用，包括不能从注射器上取下、回套针头护套、截断等，应将其完整地置于专用一次性锐器盒中按医院内医疗废物处置规程进行处置。盛放锐器的一次性容器绝对不能丢弃于生活垃圾中。

（2）高压灭菌后重复使用的污染材料

任何高压灭菌后重复使用的污染材料不应事先清洗，任何必要的清洗、修复必须在高压灭菌或消毒后进行。丢弃前需消毒。消毒方法首选高压蒸汽灭菌，其次为 2000mg/L 有效氯消毒液浸泡消毒。

二、微生物实验室基本操作规范

（一）消毒和灭菌技术

消毒（disinfection）与灭菌（sterilization）两者的意义有所不同。消毒一般是指利用物理或化学方法消灭病原菌或有害微生物的营养体，而灭菌则是指利用强烈的物理或化学方法杀灭一切微生物的营养体、芽孢和孢子。在日常生活中两者经常通用。灭菌的方法一般可分为物理灭菌和化学灭菌两大类。

1. 物理灭菌

物理灭菌是最常用的灭菌方法，主要包括热力学灭菌、过滤除菌和紫外线灭菌等。

（1）热力学灭菌

又可分为干热灭菌和湿热灭菌两大类。

① 干热灭菌。主要原理是利用高温使微生物的蛋白质凝固变性从而达到灭菌的目的。细胞内的蛋白质的凝固性与其本身的含水量有关，在菌体受热时，当环境和细胞内含水量越大，则蛋白质凝固就越快；含水量越小，凝固减慢。因此，与湿热灭菌相比，干热灭菌所需温度更高（160～170℃），时间更长（1～2h）。进行干热灭菌时最高温度不能超过 180℃，否则，包扎器皿的纸或棉塞就会被烤焦，甚至引起燃烧。通常所说的干热灭菌是指利用干燥箱（或称烘箱）进行灭菌，主要用于玻璃器皿如培养皿、移液管和接种工具等的灭菌。灭菌时将被灭菌的物体用双层报纸包好或装入特制的灭菌筒内，装入箱中，不要摆得太挤，以免妨碍热空气流通。逐渐加温，使温度上升至 160～170℃后保持 2h 灭菌结束后，切断电源，自然降温，待箱内温度降至 70℃以下后，才能打开箱门，取出灭菌物品。注意在温度降至 70℃以前切勿打开箱门，以免玻璃器皿炸裂。

另外，灼烧灭菌也属于干热灭菌。在进行无菌操作时，接种工具如接种环、接种钩、接种铲、镊子等要在酒精灯火焰上充分灼烧，试管口、菌种瓶口在火焰上短暂灼烧灭菌。

② 湿热灭菌。

a.高压蒸汽灭菌：此法是将待灭菌的物品放在一个密闭的加压灭菌锅内，通过加热，使灭菌锅隔套间的水沸腾产生水蒸气。待水蒸气急剧地将锅内的冷空气从排气阀中驱尽，关闭排气阀，继续加热，此时由于水蒸气不能逸出，而增加了灭菌器的压力，从而使沸点增高，得到高于 100℃的温度，导致菌体蛋白质凝固变性达到灭菌的目的。

在同一温度下，湿热的杀菌效力比干热大，其原因有三：一是湿热中细菌菌体吸收水分，蛋白质较易凝固，所需凝固温度低；二是湿热的穿透力比干热大；三是蒸汽有潜热存在。1g 水在 100℃时，由气态变为液态时可放出 2.26kJ 的热量。这种潜热，能迅速提高被灭菌物体的温度，从而增加灭菌效力。在使用高压蒸汽灭菌锅时，灭菌锅内冷空气的排除是否完全极为重要，因为空气的膨胀压大于水蒸气的膨胀压，所以，当水蒸气中含有空气时，在同一压力下，含空气蒸汽的温度低于饱和蒸汽的温度。一般培养基用 0.11MPa，121℃，20～30min 的条件可达到彻底灭菌的目的。这种灭菌适用于培养基、工作服、橡胶制品等的灭菌，也可用于玻璃器皿灭菌。

b. 常压蒸汽灭菌法：在不具备高压蒸汽灭菌条件的情况下，常压蒸汽灭菌是一种常用的灭菌方法。对于不宜采用高压灭菌的培养基如明胶培养基、牛乳培养基、含糖培养基等可采用常压蒸汽灭菌。这种灭菌方法可用阿诺氏流动蒸汽灭菌器进行灭菌，也可用普通蒸汽笼进行灭菌。由于常压，其温度不会超过 100℃，仅能使大多数微生物被杀死，而芽孢细菌却不能在短时间内杀死，因此可采用间歇灭菌以杀死芽孢细菌，达到彻底灭菌的目的。

常压间歇灭菌是将灭菌培养基放入灭菌器内，每天 100℃加热 30min，连续 3d，第一天加热后，其中的营养体被杀死，将培养物取出放室温下 18～24h，使其中的芽孢发育成营养体，第二天再 100℃加热 30min，发育的营养体又被杀死，但可能仍留有芽孢，故再重复一次，彻底灭菌。

c. 煮沸消毒法：注射器和解剖器械等可用煮沸消毒法。一般微生物学实验室中煮沸消毒时间为 10～15min，可以杀死细菌所有营养体和部分芽孢。如延长煮沸时间，并加入 1%碳酸氢钠或 2%～5%石炭酸，效果更好。

d. 超高温杀菌：超高温杀菌（ultra high temperature sterilization，UHTS）是指在温度和时间标准分别为 130～150℃和 2～8s 的条件下对牛乳或其他液态食品（如果汁及果汁饮料、豆乳、茶、酒及矿泉水等）进行处理的一种工艺，其最大优点是既能杀死产品中的微生物，又能较好地保持食品品质与营养价值。超高温杀菌工艺的应用，使乳制品及各种饮料等无需冷藏的理想变成了现实。从而打破了地域和季节的限制。超高温杀菌自 20 世纪 80 年代以来已在世界各国广泛应用。我国改革开放以来，超高温杀菌也广泛应用于橘子汁、猕猴桃汁、荔枝汁、菊花茶、牛乳等的生产。

（2）过滤除菌

许多材料例如血清、抗生素及糖溶液等用加热灭菌消毒灭菌方法，均会被热破坏，因此可以采用过滤除菌方法。应用最广泛的过滤器主要有以下几类。

a. 蔡氏过滤器：该过滤器由石棉制成的圆形滤板和一个特制的金属（银或铝）漏斗组成，分上、下两节，过滤时，用螺旋把石棉板紧紧夹在上、下两节滤器之间，然后将溶液置于滤器中抽滤，每次过滤必须用一张新滤板。根据其孔径大小滤板分为三种型号：K型最大，作一般澄清用；EK型滤孔较小，用来除去一般细菌；EK-S型滤孔最小，可阻止大病毒通过，使用时可根据需要选用。

b.微孔滤膜过滤器：这是一种新型过滤器，其滤膜是用醋酸纤维酯和硝酸纤维酯的混合物制成的，孔径分 $0.025\mu m$、$0.05\mu m$、$0.10\mu m$、$0.20\mu m$、$0.30\mu m$、$0.45\mu m$、$0.60\mu m$、$0.80\mu m$、$1.00\mu m$、$2.00\mu m$、$3.00\mu m$、$5.00\mu m$、$7.00\mu m$、$8.00\mu m$ 和 $10.00\mu m$。过滤时，液体和小分子物质可通过，细菌则被截留在滤膜上。实验室中用于除菌的滤膜孔径一般为 $0.20\mu m$，但若要将病毒除掉，则需要更小孔径的微孔滤膜。微孔滤膜不仅可以用于除菌，还可以用来测定液体或气体中的微生物，如水的微生物检查。

过滤除菌法应用十分广泛，除实验室用于某些溶液、试剂的除菌外，在微生物工业上所用的大量无菌空气及微生物工作使用的净化工作台，都是根据过滤除菌的原理设计的。

（3）紫外线灭菌

紫外线波长在 $200\sim300nm$，具有杀菌作用，其中以 $265\sim266nm$ 杀菌力最强，此波长的紫外线因易被细胞中核酸吸收，造成细胞损伤而杀菌。紫外线灭菌在微生物工作及生产实践中应用较广，无菌室或无菌接种箱空气可用紫外线灯照射灭菌。此外，采用 $60Co$-γ 射线灭菌，也已广泛用于不能进行加热灭菌的纸、塑料薄膜等材料制作的容器以及医用生物敷料皮等的灭菌。γ 射线灭菌的最大优点是：穿透力强，可在包装完好的条件下灭菌。

2. 化学灭菌

化学药品消毒灭菌法是应用能抑制或杀死微生物的化学制剂进行消毒灭菌的方法。能破坏细菌代谢机能并有致死作用的化学药剂为杀菌剂，如重金属离子等。只是阻抑细菌代谢机能，使细菌不能增殖的化学药剂为抑菌剂，如磺胺类及大多数抗生素等。化学药品对微生物的作用是抑菌还是杀菌以及作用效果还与化学药品浓度的高低、处理微生物的时间长短、微生物的种类以及微生物所处的环境等有关。

微生物实验室中常用的化学药品有 2％煤酚皂溶液（来苏尔）、0.25％新洁尔灭、0.1％升汞、3％～5％的甲醛溶液、75％乙醇溶液等。

消毒与灭菌不仅是从事微生物学和整个生命科学研究必不可少的重要环节和实用技术，而且在医疗卫生、环境保护、食品、生物制品等各方面均具有重要的应用价值。应根据不同的使用要求和条件选用合适的消毒灭菌的方法。

（二）无菌操作技术

在微生物的分离和培养过程中，必须使用无菌操作技术。所谓无菌操作技术，就是在分离、接种、移植等各个操作环节中，必须保证在操作过程中杜绝外界环境中的杂菌进入培养的容器或系统内，避免污染培养物。无菌操作技术广泛应用于微生物、组织培养及基因工程等领域。无菌操作技术，简单地说就是在无菌环境中进行的操作，为保证获得纯净的培养物，需要考虑各种因素的影响。

（1）培养基灭菌

一般采用高压蒸汽灭菌，将培养基放在高压蒸汽锅中，排净冷空气后，在121℃灭菌20～30min，保证培养基处于无菌状态。

（2）创造无菌接种环境

无菌操作必须在无菌条件下进行。常见的无菌场所有净化工作台、接种箱和接种室。在进行操作前需将灭菌后的培养基以及接种用的酒精灯、工具等，放到接种场所，然后采用物理或化学方法进行环境处理。

① 净化工作台：操作前用75％的酒精棉球擦拭台面，然后打开紫外线灯照射消毒，并打开风机吹20～30min，将台面上含有杂菌的空气排除，保持台面处于无菌状态。

② 接种箱：操作前按照每立方米空间10～14mL甲醇和5～10g高锰酸钾进行混合熏蒸，熏蒸时间不少30min。或用市售气雾消毒剂进行熏蒸，每平方米空间用4～5g消毒剂。接种箱中如有紫外线灯时，同时打开。

③ 接种室：灭菌方法同接种箱。为避免药害，接种前可以喷洒甲醛用量1/2的氨水来中和残留的甲醛。

（3）手消毒

先用肥皂水洗手，再用75％的酒精棉球擦拭手表面。

（4）工具灭菌

点燃酒精灯，将接种工具在酒精灯外焰上充分灼烧，杀死工具表面附着的杂菌。工具灭菌后不得再接触台面。

（5）无菌操作（以转管为例）

左手拿一支母种和一支空白PDA培养基，右手拿灭菌后的接种钩，将两个棉塞同时拔掉，夹在右手的无名指和小拇指、小拇指和掌根之间，不可将棉塞放到台面上。拔掉棉塞后，试管口要在酒精灯火焰上方3～5cm处，利用火焰封口，然后用接种钩切取少量母种，迅速通过酒精灯火焰，放到空白培养基斜面中央，轻压以防止滑动。最后塞好棉塞。

（6）培养

将接种后的菌种放到适宜的环境条件下培养。培养环境要注意消毒，防止培养过程中杂菌侵染菌种。

（7）检查

培养过程中要经常检查菌丝生长情况，发现有杂菌污染的菌种要及时挑出。

（三）菌种保藏技术

微生物菌种是宝贵的生物资源，对微生物学研究和微生物资源开发与利用具有非常重要的价值，因此菌种保藏是一项重要的微生物学基础工作，其基本任务是对已经获得的纯种微生物菌种进行收集、整理、鉴定、评价、保存和供应等。随着科技的进步和经济的发展，对微生物菌种资源的利用正在不断地扩大，菌种保藏工作便显得更加重要。

菌种是一个国家的重要生物资源，也是许多微生物工厂首要的生产资料。所以世界各国对微生物菌种的保藏都很重视，许多国家都成立了专门的菌种保藏机构。如美国典型培养物保藏中心（ATCC）和美国农业部菌种保藏中心（ARS），我国主要有中国典型培养物保藏中心（CTCCCAS）和中国农业微生物菌种保藏管理中心（ACCC）等。

1. 菌种保藏的目的

在较长时间内保持菌种的活力。保持菌种在遗传、形态和生理上的稳定性，使菌种保持既有科学研究的价值，又有工业价值的特征。保持菌种的纯度，使其免受其他微生物（包括病毒）的侵染。

2. 菌种保藏的原理

菌种保藏的原理是采用低温、干燥、饥饿、缺氧等手段，降低微生物的新陈代谢，抑制其生命活动，使其处于休眠状态。

3. 菌种保藏的方法

采用低温、干燥、饥饿、缺氧等手段可以降低微生物的生物代谢能力，所以，菌种保藏的方法虽多，但都是根据这4个因素确定的。下列方法可根据实验室具条件和微生物的特性灵活选用。

（1）斜面低温保藏法

将菌种接种在适宜的固体斜面培养基上，待微生物菌种充分生长后，用报纸或牛皮纸包扎好，贴好标签，移至1~5℃的冰箱中保藏。保藏时间依微生物的种类而有不同。丝状真菌、放线菌以及有芽孢的细菌间隔4~6个月转接1次，酵母菌2个月，细菌最好每月转接1次。此法是实验室和工厂菌种室常用的保藏法。优点是操作简单，使用方便，不需特殊设备。缺点是长期保藏时需要多次转接，容易退化变异。同时，多次转接污染杂菌的机会也会增加。

培养基选择：保藏细菌时多用牛肉膏-蛋白胨培养基，保藏放线菌时多用高氏1号培养基，保藏丝状真菌时多用PDA培养基或完全培养基（葡萄糖20g，蛋白胨2g，酵母膏2g，硫酸镁0.5g，磷酸二氢钾0.46g，磷酸氢二钾1g，维生素B1 0.5mg，琼脂20g，蒸馏水1000mL）。一般来说，菌种保藏适于用营养较为贫瘠的培养基，因为这样可以降低生物的代谢，从而延长每次转接之间的间隔时间。

斜面长度：用于保藏菌种的培养基斜面要求适当短些，这样培养基厚一点，培养基中水分蒸发较少，可以保藏更长的时间。一般斜面长度占试管总长的1/3。

培养物要有重复：这是防止菌种丧失的最有效的方法。一般每个菌株至少保藏3管。

环境湿度：要防止冰箱中空气湿度过高而导致棉塞发霉。

特殊菌种：对于某些对低温特别敏感的菌种，只能在较高的温度下保藏，如草菇菌种最好在10～15℃下保藏。

（2）液体石蜡保藏法

液体石蜡保藏法是在培养好的斜面菌种或穿刺培养的菌种表面覆盖灭菌后的液体石蜡，以减少培养基中水分的蒸发和阻止氧气进入，从而达到长期保藏的目的。将液体石蜡分装于三角瓶中，在0.11～0.14MPa（温度121～126℃）下灭菌30min，然后放在40℃温箱中，使水汽蒸发掉（由浑浊变澄清），备用。将需要保藏的菌种，在适宜的培养基中培养，得到健壮的菌体或孢子。

在无菌条件下，用灭菌吸管吸取灭菌后的液体石蜡，注入长好菌的斜面上，其用量以高出斜面顶端1cm为准，使菌种与空气隔绝。将试管直立，置低温或室温下保藏。此法实用而且效果好，保藏丝状真菌、放线菌和芽孢细菌2年以上不会死亡，酵母菌也可以保藏1～2年，一般无芽孢的细菌也可保藏1年以上。此法的优点是制作简单，不需特殊设备，而且不需经常转接。缺点是必须直立放置，所占空间较大，同时携带也不方便。转接后由于菌体表面带有石蜡，所以第1次转接后往往生长较差，需进行第2次转接。

整个过程需要注意以下事项：为防止棉塞发霉，可以用消毒过的橡胶塞换掉棉塞。要在斜面露出液面时及时补充无菌石蜡。移接后灼烧接种钩（环）时培养物容易与残存石蜡一起飞溅，要特别注意安全。

（3）滤纸保藏法

将微生物的孢子吸附在滤纸上，干燥后进行保藏的方法，称为滤纸保藏法。将滤纸剪成0.5cm×1.2cm的小纸条，装入0.6cm×8cm小试管中，加上棉塞，在0.11～0.14MPa（121～126℃）下灭菌30min，备用。

收集孢子，使孢子吸附在灭菌后的滤纸条上，重新放入试管中，塞好棉塞后放在干燥器中干燥1～2d，除去滤纸条上多余的水分（保存滤纸条的合适含水量为2%），试管上部用火熔封，贴好标签，放在冰箱中保藏。

丝状真菌、酵母、放线菌、细菌均可采用此法保藏，可保藏2年以上。辛登（Singden J W）于1932年在滤纸上保藏的双孢菇孢子，到1968年检查时，仍具有活力。此法较液氮超低温保藏法、真空冷冻干燥保藏法简便易行，不需特殊设备。

（4）砂土管保藏法

取干净河砂加入 10％稀盐酸，加热煮沸 30min，以去除其中的有机质。倒去盐酸后用自来水冲洗至中性，烘干，用 40 目筛除去粗颗粒后，装入 1cm×10cm 的小试管中，每管装 1g，加棉塞后灭菌，烘干。制备孢子悬浮液，每管中加 0.5mL（一般以刚刚使砂土湿润为止）孢子液，以接种针搅拌均匀。然后移至真空干燥器中，用真空泵抽干水分，抽干时间越短越好。

随机抽取一管进行培养检查，如果微生物生长良好而且没有杂菌生长，则可熔封管口，放入冰箱或室内干燥处保存。此法适用于能够产生孢子的微生物如真菌或放线菌，对于不产生孢子的微生物效果不佳。一般可保藏 2 年以上而不会失去活力。

（5）液氮超低温保藏法

液氮保藏法是目前保存微生物菌种最可靠的方法，多数国家级菌种保藏单位都采用此法。

准备安培管：用于液氮保藏的安培管，要求能耐受温度突然变化而不致破裂，因此，需要采用硼硅酸盐玻璃制造的安培管。安培管的大小通常为 75mm×10mm。

加保护剂与灭菌：保存细菌、酵母菌或霉菌孢子等容易分散的细胞时，则将空安培管塞上棉塞，在压力 0.11MPa、温度 121℃条件下灭菌 15min；若保存霉菌菌丝体则需在安培管内预先加入保护剂，如 10％的甘油蒸馏水溶液或 10％二甲亚砜蒸馏水溶液，加入量以能浸没以后加入的菌种块为限，而后再进行高压蒸汽灭菌。

接入菌种：将菌种用 10％的甘油蒸馏水溶液制成菌悬液，装入已灭菌的安瓿管；霉菌菌丝体则可用灭菌打孔器，从平板内切取菌落圆块，放入含有保护剂的安培管内，然后用火焰熔封。浸入水中检查有无漏洞。

冻结：将已封口的安培管以每分钟下降 1℃的慢速冻结至 −30℃。若细胞急剧冷冻，则在细胞内会形成冰的结晶，因而降低存活率。

保藏：经冻结至 −30℃的安培管立即放入液氮冷冻保藏器的小圆筒内，然后再将小圆筒放入液氮保藏器内。液氮保藏器内的气相温度为 −150℃，液态氮温度为 −196℃。

恢复培养：保藏的菌种需要用时，将安培管取出，立即放入 38～40℃的水浴中进行急剧解冻，直到全部融化为止。再打开安培管，将内容物移到适宜的培养基上培养。

此法除了适宜一般微生物的保藏外，对于一些用冷冻干燥法都难以保藏的微生物如支原体、衣原体、氢细菌、难以形成孢子的霉菌、噬菌体及动物细胞都可长期保藏，而且不易发生变异。缺点是需要特殊设备。

（6）真空冷冻干燥保藏法

准备安培管：用于真空冷冻干燥保藏的安培管宜采用中性玻璃制造，形状可用长颈球形底的，亦称泪滴形安培管。大小要求外径 6～7.5mm，长 105mm，球部直径 9～11mm，壁厚 0.6～1.2mm，也可用没有球部的管状安培管。塞好棉塞，在压力 0.11MPa，温度 121℃条件下灭菌 30min 后备用。

准备菌种：用真空冷冻干燥法保藏的菌种保藏期可长达几年甚至几十年，为了不出现差错，所用菌种纯度要高，而且菌龄要适宜。细菌和酵母菌的菌龄要求超过对数生长期，若用对数生长期的菌种进行保藏，其存活期反而降低。一般细菌的菌龄要求 24～48h，酵母菌为 3d，形成孢子的微生物则宜保藏孢子，放线菌和丝状真菌菌龄为 7～10d。

制备菌悬液与分装：以细菌斜面为例，用脱脂牛乳 2mL 左右加入试管中，制成浓菌液，每支安培管分装 0.2mL。

冷冻：冷冻干燥器有成套的装置出售，但价格昂贵。此处介绍的是简易的方法与装置，可达到同样的目的。

将分装好的安培管放于低温冰箱中冻结，无低温冰箱可用冷冻剂如干冰（固体 CO_2）酒精液或干冰丙酮液，温度可达 -70℃。将安培管插入冷冻剂，只需冷冻几分钟，即可使悬液结冰。

真空干燥：为在真空干燥时使样品保持冻结状态，需准备冷冻槽，槽内放碎冰和食盐，混合均匀，可冷至 -15℃。

抽气：一般若在 30min 内能达到 93.3Pa（0.7mmHg）真空度时，则干燥物不致溶化，以后继续抽气，几小时内，肉眼可观察到被干燥物已趋干燥，一般抽到真空度 26.7Pa（0.2mmHg），保持压力 6～7h 即可。

封口：抽真空干燥后，取出安培管，接在封口用的玻璃管上，可用 L 形五通管继续抽气，约 10min 即可达到 26.7Pa（0.2mmHg）。于真空状态下，以煤气喷灯的细火焰在安培管颈中央进行封口。封口以后，保存于冰箱或室温暗处。

此法为菌种保藏方法中最有效的方法之一，对一般生命力强的微生物及其孢子都适用，即使对一些很难保存的致病菌，如脑膜炎球与淋病球菌等亦能保存。此法适用于菌种的长期保存，一般可保存数年至几十年。缺点是设备和操作都比较复杂。

（四）玻璃器皿的清洗

清洁的玻璃器皿是得到正确实验结果的先决条件。进行微生物实验，必须清除器皿上的灰尘、油垢和无机盐等物质，保证不妨碍实验的结果。玻璃器皿的清洗应根据实验目的、器皿的种类、盛放的物品、洗涤剂的类别和洁净程度等不同而有所不同。

（1）各种玻璃器皿的洗涤方法

① 新玻璃器皿的洗涤：新购置的玻璃器皿含游离碱较多，应先在2%的盐酸溶液或洗涤液内浸泡数小时，然后再用清水冲洗干净。

② 使用过的玻璃器皿的洗涤方法：试管、培养皿、三角瓶、烧杯等可用试管刷、瓶刷或海绵沾上肥皂、洗衣粉或去污粉等洗涤剂刷洗，以除去黏附在皿壁上的灰尘或污垢，然后用自来水充分冲洗干净。热的肥皂水去污能力更强，能有效地洗去器皿上的油垢。用去污粉或洗衣粉刷洗之后较难冲洗干净附在器壁上的微小粒子，故要用水多次冲洗或用稀盐酸溶液摇洗一次，再用水冲洗，然后倒置于铁丝框内或洗涤架上，在室内晾干。

③ 含有琼脂培养基的玻璃器皿：要先刮去培养基，然后洗涤。如果琼脂培养基已经干涸，可将器皿放在水中蒸煮，使琼脂溶化后趁热倒出，然后用清水洗涤，并用刷子刷其内壁，以除去壁上的灰尘或污垢。带菌的器皿洗涤前应先在2%来苏尔或0.25%新洁尔灭消毒液内浸泡24h，或煮沸0.5h，再用清水洗涤。带菌的培养物应先行高压蒸汽灭菌，然后将培养物倒去，再进行洗涤。盛有液体或固体培养物的器皿，应先将培养物倒在废液缸中，然后洗涤。不要将培养物直接倒入洗涤槽，否则会阻塞下水道。

玻璃器皿是否洗涤干净，洗涤后若水能在内壁均匀分布成一薄层而不出现水珠，表示油垢完全洗净，若器皿壁上挂有水珠，应用洗涤液浸泡数小时，然后再用自来水冲洗干净。盛放一般培养基用的器皿经上法洗涤后即可使用。如果器皿要盛放精确配制的化学试剂或药品，则在用自来水洗涤后，还需用蒸馏水淋洗3次，晾干或烘干后备用。

④ 玻璃吸管：吸过血液、血清、糖溶液或染料溶液等的玻璃吸管（包括毛细吸管），使用后应立即投入盛有自来水的量筒或标本瓶内，免得干燥后难以冲洗干净。量筒或标本瓶底部应垫以脱脂棉花，否则吸管投入时容易破损。待实验完毕，再集中冲洗。若吸管顶部塞有棉花，则冲洗前先将吸管尖端与装在水龙头上的橡胶管连接，用水将棉花冲出，然后再装入吸管自动洗涤器内冲洗，没有吸管自动洗涤器时用蒸馏水淋洗。洗干净后，放搪瓷盘中晾干，若要加速干燥，可放烘箱内烘干。

吸过含有微生物的吸管亦应立即投入盛有2%来苏尔溶液或0.25%新洁尔灭消毒液的量筒或标本瓶内，24h后方可取出冲洗。

吸管内壁若有油垢，同样应先在洗涤液内浸泡数小时，然后再冲洗。

⑤ 载玻片与盖玻片的清洗：新载玻片和盖玻片应先在2%的盐酸溶液中浸泡1h，然后用自来水冲洗2~3次，用蒸馏水换洗2~3次，洗后烘干冷却或浸于95%酒精中保存备用。

用过的载玻片与盖玻片如滴有香柏油，要先用皱纹纸擦去或浸在二甲苯内摇晃几次，使油垢溶解，再在肥皂水中煮沸5~10min，用软布或脱脂棉花擦拭，立即用自来水冲洗，然后在稀洗涤液中浸泡 0.5～2h，用白开水冲去洗涤剂液，最后再用蒸馏水换洗数次，待干后浸于 95％酒精中保存备用。使用时在火焰上烧去酒精。用此法洗涤和保存的载玻片和盖玻片清洁透亮，没有水珠。

检查过活菌的载玻片或盖玻片应在 2％来苏尔溶液或 0.25％的新洁尔灭溶液中浸泡 24h，然后按上述方法洗涤与保存。

（2）洗涤剂的种类及应用

① 水。水是最主要的洗涤剂，但只能洗去可溶解在水中的沾染物，不溶于水的污物如油、蜡等，必须用其他方法处理以后，再用水洗。要求比较洁净的器皿，清水洗过之后再用蒸馏水洗。

② 肥皂。肥皂是很好的去污剂。一般肥皂的碱性并不十分强，不会损伤器皿和皮肤，所以洗涤时常用肥皂。使用方法多用湿刷子（试管刷、瓶刷）沾肥皂刷洗容器，再用水洗。热的肥皂水（5％）去污能力更强，洗器皿上的油脂很有效。油脂很重的器皿，应先用纸将油层擦去，然后用肥皂水洗，洗时还可以加热煮沸。

③ 去污粉。去污粉内含有碳酸钠、碳酸镁等，有起泡沫和除油污的作用，有时也可加些食盐、硼砂等，以增加摩擦作用。用时将器皿润湿，将去污粉涂在污点上，用布或刷子擦拭，再用水洗去去污粉。一般玻璃器皿、搪瓷器皿等都可以使用去污粉。

④ 洗衣粉。目前我国生产的洗衣粉主要成分是烷基苯磺酸钠，为阴离子表面活性剂，在水中能解离成带有憎水基的阴离子。其去污能力主要是由于在水溶液中能降低水的表面张力，并发生润湿、乳化、分散和起泡等作用。洗衣粉去污能力强，能有效地去除油污。用洗衣粉擦拭过的玻璃器皿要充分用自来水漂洗，以除净残存的微粒。

⑤ 洗涤液。通常用的洗涤液是重铬酸钾（或重铬酸钠）的硫酸溶液，是一种强氧化剂，去污能力很强，实验室常用它来洗去玻璃和瓷质器皿上的有机物质。切不可用于金属器皿的清洗。

洗涤液的配方一般分浓配方和稀配方两种，可按下列配方来配制：

浓配方：重铬酸钾（工业用）　　　　40.0g
　　　　蒸馏水　　　　　　　　　　160.0mL
　　　　浓硫酸（粗）　　　　　　　800.0mL
稀配方：重铬酸钾（工业用）　　　　50.0g
　　　　蒸馏水　　　　　　　　　　850.0mL
　　　　浓硫酸（粗）　　　　　　　100.0mL

配制方法是将重铬酸钾溶解在蒸馏水中（可加热），待冷却后，再慢慢地加入硫酸，边加边搅动。配好后存放备用。此液可用很多次，每次用后倒回原瓶中储存，直至溶液变成青褐色时才失去效用。

洗涤原理为：重铬酸钾或重铬酸钠与硫酸作用后形成铬酸，铬酸的氧化能力极强，因而此液具有极强的去污作用。

洗涤时应注意以下几点：

盛洗涤液的容器应始终加盖，以防氧化变质。玻璃器皿投入洗涤剂之前要尽量干燥，避免洗涤液稀释。如要加快去污速度，可将洗涤液加热至 45~50℃进行洗涤。

器皿上有大量的有机质时，不可直接加洗涤液，应尽可能先行清除，再用洗涤液，否则会使洗涤液很快失效。

用洗涤液洗过的器皿，应立即用水冲至无色为止。

洗涤液有强腐蚀性，溅在桌椅上，应立即用水洗或用湿布擦去。皮肤及衣服上沾有洗涤液，应立即用水洗，然后用苏打（碳酸钠）水或氨液洗。

洗涤液仅限于玻璃和瓷质器皿的清洗，不适于金属和塑料器皿。

（3）玻璃器皿使用及后处理注意事项

① 任何方法，都不应对玻璃器皿有所损伤。所以不能使用对玻璃有腐蚀作用的化学药剂，也不能使用较玻璃硬度大的物品来擦拭玻璃器皿。

② 用过的器皿应立即洗涤，有时放置时间太久会增加洗涤的困难，随时洗涤还可以提高器皿的使用率。

③ 含有对人有传染性的或者是属于植物检疫范围内的微生物的试管、培养皿及其他容器，应先浸在消毒液内或蒸煮灭菌后再进行洗涤。

④ 盛过有毒物品的器皿，不要与其他器皿放在一起。

⑤ 难洗涤的器皿不要和易洗涤的器皿放在一起，以免增加洗涤的麻烦。有油污的器皿不要与无油污的器皿混在一起，否则会使本来无油的器皿沾上了油污，浪费药剂和时间。

⑥ 强酸强碱及其他氧化物和有挥发性的有毒物品，都不能倒在洗涤槽内，必须倒在废液缸内。

三、微生物检测基本操作规范

（一）样品采集与制备技术规范

1. 样品的采集

（1）采样目的：确保采集的样品能代表全部被检验的物质，使检验分析更具代表性。

（2）采样原则

① 采集的样品要有代表性，采样时应首先对该批食品原料、加工、运输、储藏方法条件、周围环境卫生状况等进行详细调查，检查是否有污染源存在，同

时确保样品能反映全部被检食品的组成、质量和卫生状况。

② 应设法保持样品原有微生物状况，在进行检验前不得污染，不发生变化。

③ 采样必须遵循无菌操作程，容器必须灭菌，避免环境中微生物污染，容器不得使用煤酚皂溶液、新洁尔灭、酒精等消毒物灭菌，更不能含有此类消毒药物，以避免杀掉样品中的微生物，所用剪、刀、匙等用具也需灭菌方可使用。

（3）采样数量

取样数量的确定，应考虑分析项目的要求、分析方法的要求及被检物的均匀程度三个因素。样品应一式三份，分别供检验、复检及备查使用，每份样品数量一般不少于 200g。

根据不同种类采样数量略有不同，实验室检验样品一般为 25g。

（4）采样方法

应采取随机抽样的方式。如为非冷藏易腐食品，应迅速将所采样品冷却至 0～4℃。不要使样品过度潮湿，以防食品中固有的细菌增殖。在将冷冻食品送到实验室前，要始终保持样品处于冷冻状态。样品一旦融化，不可使其再冻，保持冷却即可。

（5）样品的保存和运送

样品采集完后，应迅速送往实验室检验，送检过程中一般不超过 3h，如路程较远，可保存在 1～5℃环境中，如需冷冻者，则在冷冻状态下送检。冷冻样品应存放在 -15℃以下冰箱内；冷却和易腐食品应存放在 0～5℃冰箱或冷却库内；其他食品可放在常温冷暗处。运送冷冻和易腐食品应在包装容器内加适量的冷却剂或冷冻剂。保证途中样品不升温或不融化。待检样品存放时间一般不应超过 36h。

2. 检验样品的制备

① 样品的全部制备过程均应遵循无菌操作程序。

② 检验冷冻样品前应先使其融化。可在 0～4℃融化，时间不超过 18h，也可在温度不超过 45℃的环境中融化，时间不超过 15min。

③ 检验液体或半固体样品前应先将其充分摇匀。如容器已装满，可迅速翻转 25 次；如未装满，可于 7s 内以 30cm 的幅度摇动 25 次。从混样到检验间隔时间不应超过 3min。

④ 开启样品包装前，应先将表面擦干净，然后用 75％乙醇消毒开启部位及其周围。

⑤ 非黏性液体样品可用吸管吸取一定量，然后加入适量的稀释液或培养基内，吸管插入样品内的深度不应超过 2.5cm，也不得将吸有样品的吸管浸入稀释液或培养基内。

⑥ 黏性液体样品可用灭菌容器称取一定量，然后加入适量的稀释液或培养基。

⑦ 固体或半固体样品可用灭菌的均质杯称取一定量，再加适量的稀释液或培养基进行均质，从样品的均质到稀释和接种，相隔时间不应超过 15min。

3. 检验

① 实验室收到样品后，首先进行外观检验，及时按照国家标准检验方法进行检验，检验过程中要认真、负责，严格进行无菌操作，避免环境中微生物污染。

② 检验所使用的稀释液、试剂、培养基接触的一切器皿必须经过有效的灭菌。

③ 实验室所用仪器、设备的性能应定期检查和校正。

④ 制备试剂和培养基所用的水，应为无离子水或用玻璃器皿蒸馏的蒸馏水。

⑤ 检验结束后，所有带菌的培养基、试剂、稀释液和器皿必须尽快灭菌和洗刷。清洗过的器皿不应残留洗涤剂的痕迹。

4. 检验记录和结果的报告

① 经检验的每份样品都应有完整的检验记录。样品检验过程中所用方法、出现的现象和结果等均要用文字写出试验记录，以作为对结果分析、判定的依据，记录要求详细、清楚、真实、客观、不得涂改和伪造。

② 检验结束后，应根据检验结果，及时填写检验报告书，签字并经负责人审核签字后发出。

（二）食品平板菌落计数

1. 设备和材料

超净工作台、恒温培养箱（36℃±1℃）、均质器、振荡器、吸管（1mL、10mL）、平皿、稀释瓶、天平等。

2. 培养基和试剂

平板计数琼脂、75％乙醇、磷酸盐缓冲稀释液。

3. 操作程序

（1）样品制备

① 以无菌操作取有代表性的样品盛于灭菌容器内。如有包装，则用 75％乙醇在包装开口处擦拭后取样。

② 制备样品匀液：以无菌操作取 25g 样品，放入装有 225mL 稀释剂的灭菌均质杯内，于 8000r/min 均质 1～2min，制成 1：10 的样品匀液。如样品均质时间超过 2min，应在均质杯外加冰水冷却。

（2）稀释样品匀液

用 10mL 灭菌吸管准确吸取 1：10 的样品匀液 10mL，放入装有 90mL 稀释剂的 150mL 稀释瓶中。迅速振摇，将样品混匀，制成 1：100 的样品匀液。振摇时，幅度为 30cm，7s 内振摇 25 次。从容器中吸取样品匀液和以后的稀释操作中，吸管尖不要碰着瓶口。吸入的液体应先高于所要求的刻度，然后提起吸管使其尖端离开液面并贴在容器内壁将液体调至所要求的刻度。

（3）平板接种

① 对于每个样品，选用合适的三个连续稀释度的样品液进行平板计数。

② 分别用灭菌吸管吸取 1mL 样品液放入作了适宜标记的平皿内。每个稀释度的样品液用两个平皿。

③ 分别加 12～15mL 平板计数琼脂（约 45℃左右）到平皿内。立即将平皿内的样品液和琼脂培养基充分混合。要防止把混合物溅到平皿壁和盖上。同时将平板计数琼脂倾入加有 1mL 稀释剂的另一灭菌平皿作空白对照。将样品液加入平皿后应立即倾注琼脂培养基，每个样品从开始稀释到倾注最后一个平皿所用的时间不得超过 20min。

（4）培养

待琼脂凝固后将平皿翻转，立即放进 36℃±1℃的恒温培养箱培养 48h±2h。培养箱应保持一定的湿度，经 48h 培养的琼脂培养基的失重不得超过 15％。

（5）菌落计数和记录

① 培养后，立即计数每个平板上的菌落数。25～250 个菌落为合适范围。如不能立即计数，应将平板存放于 0～4℃，但不得超过 24h。

② 操作者对同一平板复核自己的计数结果，其差异应在 5％之内，而其他人对这一平板重复计数，其差异应在 10％之内。否则，应找出原因，加以校正。

（6）计算和记录数字

适宜稀释度的两个平板的菌落数平均值或两个稀释度的平板菌落数平均值乘以相应稀释度倍数即可计算出每克（毫升）样品中平板菌落数。

记录时，只有在换算到每克（毫升）样品中平板菌落数时，才能定下两位有效数字，第三位数字采用四舍五入的方法记录。也可将样品的平板菌落数记录为 10 的指数形式。

4. 结果报告

报告每克（毫升）样品中平板菌落数或估计的平板菌落数。

第五节　实验室废弃物处理规范

实验室检测的样品种类复杂，产生的实验室废弃物包括剧毒品、重金属类毒物、有机致癌物、含致病性微生物的标本和放射性物质等；按分析检验实验室废弃物的物理特点，可分为固体、液体和气体三类；按对环境造成污染的特点，可分为化学废弃物、生物废弃物和放射性废弃物。

废弃物处理的一般原则：防止污物扩散、污染，分类收集、存放，分别集中处理。尽可能进行废物回收，或用固化、焚烧方式进行处理。在实际工作中，应选择合适的方法进行检测，尽可能减少废物量，减少污染。废弃物排放应符合国家有关环境排放标准。

一、实验室废液的处理

化学废弃物质主要以液态和气态形式存在。与工业的废液、废气相比，化学实验室的废液、废气在数量上微不足道，但是从环保的角度讲，同样不允许直接排放到自然水域或大气中。废水的排放须遵守我国环境保护的有关规定。

一般工业废液成分简单，可以采用集中处理的方法进行处理。由于实验室内的化学废液种类繁多，且组成经常变化，所以一般不采用集中处理的方法，而是根据每次实验过程中所产生废弃物质的性质，分别加以处理。

对人体健康产生长远不良影响的污染物，称第一类污染物。含有此类有害污染物质的污水，不分行业和污水排放方式，也不分受纳水体的功能类别，一律在产生装置或其处理设施排出口取样检验。我国第一类污染物最高容许排放浓度见表 4-14。

表 4-14 第一类污染物质最高容许排放浓度

污染物	最高容许排放浓度/(mg/L)	污染物	最高容许排放浓度/(mg/L)	污染物	最高容许排放浓度/(mg/L)
总汞	0.05	总铬	1.5	总铅	1.0
烷基汞	不得检出	六价铬	0.5	总镍	1.0
总镉	0.1	总砷	0.5	苯并[α]芘	0.00003

对人体健康产生长远影响小于第一类的污染物质称第二类污染物质。在排污出口取样检验。表 4-15 为第二类污染物质最高容许排放浓度。

表 4-15 第二类污染物质最高容许排放浓度　　　　　　单位：mg/L

污染物	一级标准		二级标准		三级标准
	新、扩、改建	现有	新、扩、改建	现有	
pH 值	6～9	6～9	6～9	6～9	6～9
色变(稀释倍数)	50	80	80	100	—
悬浮物	70	100	200	250	400
生化需氧量(BOD)	30	60	60	80	300

污染物	一级标准		二级标准		三级标准
	新、扩、改建	现有	新、扩、改建	现有	
化学需氧量(COD)	100	150	150	200	500
石油类	10	15	10	20	30
动植物油	20	30	20	40	100
挥发酚	0.5	1.0	0.5	1.0	2.0
氰化物	0.5	0.5	0.5	0.5	1.0
硫化物	1.0	1.0	1.0	2.0	2.0
氨氮	15	25	25	40	—
氟化物	10	15	10	15	20
(低氟地区)	—	—	(20)	(30)	
磷酸盐(以 P 计)	0.5	1.0	1.0	2.0	
甲醛	1.0	2.0	2.0	3.0	
苯胺类	1.0	2.0	2.0	3.0	5.0
硝基苯类	2.0	3.0	3.0	5.0	5.0
阴离子合成洗涤剂(LAS)	5.0	10	10	15	20
铜	0.5	0.5	0.5	1.0	2.0
锌	2.0	2.0	2.0	5.0	5.0
锰	2.0	5.0	5.0	5.0	5.0

1. 废液的来源

实验室废液主要包括有机废液及废水。实验室废液中污染物的种类及排出量与相应的实验有关，不同行业在进行教学科研实验时产生废液的量及含有的污染物不同。如炼油过程中会产生大量的含油废水以及高酸碱的废水，实验室模拟实验生产也会产生这些废液；在进行冶金方面科学研究时，实验室废液中会含有金属离子；在制药、日化行业，会产生大量的有机废液及含有各种有机物、无机物的废水。

处理实验室废液时，要注意不得将每次实验后的废液直接倒入下水槽，应倒入废液回收容器内，由实验室工作人员统一回收，进行处理。不得将几次实验的废液集中收集。因为每次实验后废液的性质不同，混合可能发生意外。在处理含有配合物的废液时，如果有干扰成分，应将这些废液另行收集储存。以下几种废液不能互相混合收集：①过氧化物与有机物废液；②氰化物、硫化物、次氯酸盐与酸性废液；③挥发性的酸（如盐酸、氢氟酸等）与不挥发性酸（如硫酸等）；④铵盐、挥发性胺与含强碱的废液。应选择没有破损且不会被废液腐蚀的容器来收集废液。并贴上标签注明废液的成分和含量，置于安全的地点保存。这一点对于毒性较大的废液十分重要。对于硫醇、胺等会发出臭味的废液，会产生氰化氢、磷化氢等有毒气体的废液以及易燃的二硫化碳、乙醚之类的废液，要防止泄漏，并应尽快处理。对于含有过氧化物、硝化甘油之类爆炸性物质的废液，要尽快处理，不应存放。

2. 废液的处理方法

（1）含酸、碱的废液

通常采用中和法进行处理。废无机酸先收集于陶瓷缸或塑料桶中，然后以过量的碳酸钠或氢氧化钙的水溶液中和，或用废碱中和，中和后用大量水冲稀排放。氢氧化钠、氨水：用稀废酸中和后，用大量水冲稀排放。注意事项：①即使在确认酸、碱废液相互混合不会产生危险的情况下，也应分次少量将其中一种废液注入到另一种废液中，以防发生意外；②用 pH 试纸进行检验，使酸或碱的废液混合后，溶液的 pH 达到 7；③用水将溶液稀释，使盐溶液的浓度降到 5% 以下，才可进行排放。

（2）含重金属的废液

一般采用氢氧化物共沉淀法或硫化物共沉淀法进行处理。

例 1 含 Cd^{2+} 和 Pb^{2+} 的废液（氢氧化物共沉淀法）

首先，控制废液 pH 在 10～11，用 $Ca(OH)_2$ 将 Cd^{2+} 转化为难溶于水的 $Cd(OH)_2$ 而分离出去。然后，调节废液的 pH＞11，用 $Ca(OH)_2$ 将 Pb^{2+} 转化成为难溶于水的 $Pb(OH)_2$。然后加入共凝剂，如 $Al_2(SO_4)_3$，并将 pH 调至 7～8 之间，即会产生 $Pb(OH)_2$ 共沉淀。

处理含 Cd^{2+} 和 Pb^{2+} 的废液的注意事项：①在处理含有两种以上重金属废液时，由于处理的最适宜 pH 各不相同，因此对处理后的废液，必须加以注意；②对于含大量有机物、氰化物及络离子的废液，必须事先将它们分解除去。

例 2 含 Hg^{2+} 的废液（硫化物沉淀法）

用 Na_2S 或 NaHS 将 Hg^{2+} 转化为难溶于水的 HgS，然后与氢氧化铁共沉淀，过滤之后分离除去。

处理含 Hg^{2+} 废液的注意事项：①含 Hg^{2+} 的废液毒性大，经微生物的作用后会变成毒性更大的有机汞。因此，我们在处理时必须做到充分安全；②对于含烷基汞之类的有机汞废液，首先要把它转变成为无机汞，然后再进行处理；③废液中不能含有金属汞；④控制溶液酸度为 0.3mol/L 的 H^+。

例 3 含 As 的废液

废液中含有大量砷时，加入饱和氢氧化钙溶液，调节废液 pH 值为 9.5 左右，充分搅拌，放置澄清后过滤。在滤液中加入三氯化铁固体，使其砷铁比达到 50（质量比），用氢氧化钠调节滤液 pH 值为 7～10，放置一夜，然后过滤，将两次过滤的滤渣烘干妥善保管好。最后的滤液检验总砷，达到 GB 8978—1996

《污水综合排放标准》后，中和至中性可直接排放至下水道。

例 4 含 Zn 的废液

用水将废液中锌离子的浓度稀释至 1% 以下。调节废液 pH 值为 9.0～9.5，加入适量硫化钠，充分搅拌，再加入少量三氯化铁，充分搅拌，调节废液 pH 值为 8.0 以上，然后放置一夜。用倾泻法过滤沉淀。烘干和妥善保管好沉淀。滤液检验锌离子，达到 GB 8978—1996《污水综合排放标准》后再检验有无硫离子（取少量滤液加入几滴 1mol/L 醋酸锌溶液无沉淀生成即不含硫离子，否则含有硫离子）。如果有硫离子可用双氧水将其氧化，中和后经稀释直接排放下至水道。

（3）含氧化剂或还原剂的废液

一般采用氧化还原法进行处理。例如含 Cr(Ⅵ) 的废液可采用还原中和法（亚硫酸氢钠法）进行处理。首先，将 Cr(Ⅵ) 还原成 Cr(Ⅲ) 后，然后进行中和，使其生成难溶性的 $Cr(OH)_3$ 沉淀并除去。

处理过程中需注意的问题：①要戴防护镜、手套，并在通风橱内进行处理；②将 Cr(Ⅵ) 还原成 Cr(Ⅲ) 后，可以同其他重金属废液一起处理；③铬酸混合液是强酸性物质，因此应将它稀释到约 1% 的浓度之后，再进行还原；必须待溶液被还原变成绿色时，并查明确实不含 Cr(Ⅵ) 后，才能作进一步处理。

（4）含氰化物的废液

把含氰废液倒入废酸缸中是极其危险的，氰化物遇酸可产生极毒的氰化氢气体，瞬时可使人丧命。含氰废液应先加入氢氧化钠使 pH 值为 10 以上，再加入过量的 3% 的高锰酸钾溶液，使 CN⁻ 被氧化分解。若 CN⁻ 含量过高，通常采用氯碱法进行处理，可以加入过量的次氯酸钙和氢氧化钠溶液进行破坏。另外氰化物在碱性介质中与亚铁盐作用可生成亚铁氰酸盐二被破坏。

注意事项：①由于存在产生毒气的危险，因此在处理废液时一定要慎重，最好在通风橱内进行操作；②必须控制废液的 pH>10，再加入 NaClO；③对含有重金属的废液，在分解氰基之后，必须进行相应的重金属的处理。

对于含有 Fe、Ni、Co 的氰配合物的废液，用上述方法难以分解。因此，必须采用下述方法进行处理：①向废液中加入 NaOH 溶液，调整 pH>10，再加入 NaClO 溶液，加热约 2h，冷却后过滤沉淀；②在废液中注入 H_2SO_3，调整 pH<3，加热约 2h，冷却后过滤沉淀；③用阴离子交换树脂吸附。

对于有机氰化物，应在处理无机成分之后，作为有机废液进行处理。对于难溶于水的有机氰化物，可先用 NaOH 的乙醇溶液使之转化为氰酸盐，然后再进行处理。

（5）含氟废液的处理

首先加入石灰乳使溶液呈碱性，充分搅拌后放置一夜。第二天进行过滤，滤液按碱废液进行处理。此法不能将含氟量降低到 $8\mu g/mL$ 以下。要进一步降低含氟量，可用阴离子交换树脂进一步处理。

（6）含无机卤化物的废液

①将含 $AlBr_3$、$AlCl_3$、$SnCl_4$、$TiCl_4$ 等无机类卤化物的废液放入大号蒸发皿中，撒上高岭土-碳酸钠（1∶1）的干燥混合物；②充分混合后，喷洒1∶1的氨水，至没有 NH_4Cl 白烟放出为止；③中和后静置过夜，第二天过滤沉淀物，检验滤液中有无重金属离子，若确定没有重金属离子存在，可用大量水稀释后排放。

（7）有机废液的处理

实验室有机废液主要包括含有醇类、酯类、有机酸、酮及醚等有机溶剂的废液；含苯、己烷、二甲苯、甲苯、煤油、轻油、重油、润滑油、切削油、机器油、动植物性油脂及液体和固体脂肪酸等石油、动植物性油脂的废液；含吡啶、喹啉、甲基吡啶、氨基酸、酰胺、二甲基甲酰胺、二硫化碳、硫醇、烷基硫、硫脲、硫酰胺、噻吩、二甲亚砜和染料、农药、颜料及其中间体等的有机废液；含苯酚、甲酚、萘酚等酚类物质的废液；含有硫酸、盐酸、硝酸等酸类和氢氧化钠、碳酸钠、氨等碱类以及过氧化氢、过氧化物等氧化剂与硫化物、联氨等还原剂的有机类废液；含磷酸、亚磷酸、硫代磷酸及膦酸酯类、磷化氢类以及磷系农药类物质的有机磷废液；以及含有聚乙烯、聚乙烯醇、聚苯乙烯、聚二醇等合成高分子化合物，以及蛋白质、木质素、纤维素、淀粉、橡胶等天然高分子化合物的废液等。

对于有机废液的处理，方法主要有：焚烧法、溶剂萃取法、吸附法、水解法、氧化分解法和生物化学处理法等。对浓度较高的有机废液处理常用焚烧法，即将可燃性物质的废液，置于燃烧炉中燃烧。如果数量很少，可把它装入铁制或瓷制容器，选择室外安全的地方燃烧。对由于燃烧而产生 NO_2、SO_2 或 HCl 之类有害气体的废液，必须用配备有洗涤器的焚烧炉燃烧，用碱液洗涤燃烧废气，除去其中的有害气体。溶剂萃取法是将含水的低浓度废液，用与水不相混合的正己烷类挥发性溶剂进行萃取，分离出溶剂层后，进行焚烧，用吹入空气的方法，将水层中的溶剂吹出。氧化分解法是用 H_2O_2、$KMnO_4$、$NaOCl$、H_2SO_4＋HNO_3、HNO_3＋$HClO_4$、H_2SO_4＋$HClO_4$、废铬酸混合液等物质，将含水的低浓度有机类废液氧化分解。对有机酸或无机酸的酯类，以及一部分有机磷化合物等容易发生水解的物质，可加入 NaOH 或 $Ca(OH)_2$，在室温或加热下进行水解。

有机废液处理时要注意：①尽量回收溶剂，在不妨碍实验的情况下，可反复使用；②为了处理方便，应对它们进行分类收集；③可溶于水的有机物，容易形成水溶液流失，回收时应加以注意；但是对于甲醇、乙醇、乙酸之类的溶剂，能被细菌作用而易于分解，因此这类溶剂需经大量水稀释后方可排放；④对于含重金属的有机废液，应将有机物分解后，再按无机废液处理。

3. 废液处理注意事项

① 在处理废液过程中，往往会产生有毒气体，并存在放热、爆炸等危险。因此，在处理之前，工作人员必须充分了解废液的组成及性质，然后分别加入少量所需试剂，边操作边观察。

② 分解氰基时，需要加入次氯酸钠，会产生有毒的游离氯；用硫化物沉淀法处理废液时，会生成有毒的水溶性硫化物。因此，必须将处理后的废水进行再处理。

③ 为了节省处理所使用的试剂，可将废铬酸混合液用于分解有机物，将废酸与废碱相互中和，变有害物质为有用物质。

④ 在处理废液时，尽量利用无害或易于处理的代用品。例如，用浓硫酸与浓硝酸的混合液代替铬酸混合液，使排放的废液中无有害的铬离子存在。

⑤ 对甲醇、乙醇、丙酮及苯等用量较大的溶剂，原则上应将它们回收利用，而将其残渣加以处理。

二、实验室废气的处理

1. 废气的来源

实验室产生的废气有 VOCs、粉尘、有毒有害气体等。在化学、食品、制药等实验室都会用到有机溶剂，如苯、甲苯、甲醛、乙醚、丙酮等，其极易挥发到空气中，对人体造成危害。在金属加工、纳米材料等实验室，也会有纳米颗粒物悬浮在空气中，达到一定浓度后遇明火可发生粉尘爆炸。生物实验室中也会产生生物污染物，如病毒、致病菌等易扩散到空气中，经呼吸道吸入引起人体病害。

2. 废气的处理方法

实验室废气的处理基本要求是：一方面实验室必须备有吸收或处理装置，例如，实验室进行可能产生有害废气的操作应在有通风装置的条件下进行；另一方面要控制实验环境中的有害气体不得超过现行规定的空气中有害物质的最高允许浓度，见《工作场所有害因素职业接触限值 第1部分：化学有害因素》（GBZ 2.1—2019）。

化学实验室处理废气常用的方法主要有吸收法、燃烧法、中和法和吸附法。

（1）吸收法

采用合适的液体（如水、酸性溶液、碱性溶液、有机溶液和氧化剂溶液）作为吸收剂处理 SO_2、NO_x、HCl、H_2S、NH_3、Cl_2、HF 等废气。

（2）燃烧法

通过燃烧的方法去除有害气体（如 CO 尾气、H_2S 类气体等）。这是一种有效的处理有机气体的方法，适用于处理量大、浓度低的含有苯类、酮类、醇类等各种有机物的废气。

（3）中和法

对于酸性或碱性较强的气体，可用适当的碱或酸进行吸收。

（4）吸附法

这是一种常见的废气净化方法，适用于对废气中含有低浓度污染物质的净化。常见的吸附剂有活性炭、活性氧化铝、硅胶、硅藻土及分子筛等。吸附常见的有机及无机气体，可以选择将适量的活性炭放入有残留废气的容器中；若要选择吸收 H_2S、SO_2 及汞蒸气，可以用硅藻土；分子筛可以选择性吸附 NO_x、CS_2、H_2S、NH_3、CCl_4、烃类等气体。

例：汞蒸气及其溅落的汞的处理和排放

① 对储存的液态汞，为了减少汞液面的蒸发，应在汞液面上覆盖化学液体，如甘油、50g/L 硫化钠（$Na_2S \cdot 9H_2O$）溶液，无条件时可选择用水覆盖。

② 对于溅落的汞（如打碎水银温度计、水银压力计等），应立即用吸气球、滴管、毛笔或以真空泵抽吸的拣汞器拣拾起来。拣过汞的地方应撒上硫黄粉或 200g/L 的三氯化铁溶液（每平方米使用 300～500mL），使汞生成不挥发的难溶盐，干后扫除。

三、实验室固体废弃物的处理

1. 固体废物的来源

实验室固体废物来源广泛，成分复杂，有实验原料、废弃的实验产物、破碎器皿、试剂瓶、废弃的陈旧设备等。在化学实验室里，废弃实验产物主要是未反应的原料、副产物、中间产物，有化学反应中添加的辅助试剂（催化剂、助催化剂等的剩余物），有化工单元操作中产生的固体废弃物（精馏残渣及吸附剂等）；在生物实验室中，固体废弃物主要是固体培养基等；在食品实验室会有下脚料、添加剂等固体废弃物产生。未经处理的固体废弃物在自然环境下会产生有害气体、粉尘或滋生有害生物，产生恶臭，雨水冲刷还会进入土壤，污染环境。

2. 固体废物的处理方法

（1）对固体废弃物的预处理

针对固体废弃物难处理的特点，在对其进行进一步的综合利用和最终的处理之前，通常都需要先对其实行预处理。固体废弃物的预处理一般包括固体废弃物的筛分、破碎、压缩、粉磨等程序。

（2）物理法处理固体废弃物

指的是通过利用固体废弃物物理和物理化学性质，用合适的方法从其中分选或者分离出有害的固体物质。常用的分选方法有：重力分选、电力分选、磁力分选、弹道分选、光电分选、浮选和摩擦分选等。

（3）化学法处理固体废弃物

指的是通过让固体废弃物发生一系列的化学变化，进而转换成能够回收的有用物质或能源。常见的化学处理方法包括煅烧、焙烧、烧结、热分解、溶剂浸出、电力辐射、焚烧等。

（4）生物法处理固体废弃物

指的是利用微生物的作用来处理固体废弃物。此方法的基本原理是利用微生物本身的生物-化学作用，使复杂的有机物分解成为简单的物质，使有毒的物质转化成为无毒的物质。常见的生物处理法有沼气发酵和堆肥。

（5）固体废弃物的最终处理

对于没有任何利用价值的有毒害固体废弃物，就需要进行最终处理。常见的最终处理的方法有焚化法、掩埋法、海洋投弃法等。但是，固体废弃物在掩埋和投弃入海洋之前都需要进行无害化的处理，而且要深埋在远离人类聚集的指定的地点，并要对掩埋地点做下记录。

四、放射性实验室的去污和放射性染物的处理

放射性污染物是指放射性废弃物、有放射性的标记物、放射性标准溶液等。放射性污染物的特点：①放射性与物质的化学状态无关；②每种放射性核素都能放射出具有一定能量的一种或几种射线；③每种放射性核素都有一定的半衰期，放射性不随气压和温度的改变而改变；④除核反应条件外，任何化学、物理、生物的处理方法都不能改变放射性核素的性质；⑤放射性物质进入环境后，可随介质的扩散或流动在自然界中稀释或迁移，还可在生物体内被吸附或蓄积，从而产生内辐射。

1. 放射性实验室的去污

（1）去污原则

极微量的高放射性比度同位素能够通过离子附着或物理吸附，扩散到裂纹中或牢固地粘在物体表面上，造成极大的放射危害。因此在清除放射性污染物时应遵循"尽早除污、防止扩散、合理选择去污方法和去污剂"的原则。

（2）去污方法

去污方法的选择应根据放射性污染物与物质表面结合的方式来决定。若放射性污染物只是沉淀或吸附在物体表面，可立即进行冲洗、刷洗或使用表面活性剂等物理方法进行去污；若放射性污染物与物体表面发生了化学反应或离子交换作用，应使用各种酸或碱、洗涤剂、络合剂和离子交换剂等进行去污。

① 皮肤去污：新鲜污染可用温水加普通肥皂和软毛刷刷洗，即可达到理想

的去污效果。皮肤去污不宜使用腐蚀性或脱脂性溶剂及温度过高的水冲洗；按从轻污染区的向重污染区的顺序进行去污；固定性污染可等待机体新陈代谢，切不可过多擦洗损伤皮肤。

② 物体表面去污：倒翻、泼洒在台面、地面或物体表面的液态放射性物质，可用干棉花、吸水布或吸水纸吸干，然后用水和去污剂处理。按从轻污染区向重污染区的顺序进行去污。清洗液中可加少量酸，以提高去污率和去污速度。玻璃、陶瓷、塑料和金属表面，可用肥皂、合成洗涤剂和稀盐酸去污。

2. 放射性污染物的处理

（1）放射性废液

① 对于使用放射性核素量比较大、产生污水比较多的核医学单位，必须设有专用废水处理装置或分隔污水池，以存放和排放废水。

② 对于产生放射性核素废液而无废水池的单位，应将废液注入容器存放 10 个半衰期后，再排入下水道系统。如果废液中含有长半衰期的核素，可先进行固化，然后按固体放射性废物的处理方法进行处理。

③ 对于放射性浓度不超过 $1 \times 10^4 \mathrm{Bq/L}$ 的废闪烁液，或浓度不超过 $1 \times 10^5 \mathrm{Bq/L}$ 的 $^3\mathrm{H}$ 或 $^{14}\mathrm{C}$ 的废闪烁液，可按一般废弃物进行处理。

（2）放射性固体废物

① 废物袋、废物包、废物桶及其他存放放射性废物的容器，必须在显著位置标注废物类型、核素种类、比活度范围和存放日期。内装注射器及碎玻璃等物品的废物袋应附加外套。

② 焚烧可燃性固体废物时，必须在具备焚烧放射性废物条件的焚化炉内进行。

③ 同时污染有病原微生物的固体废物，必须先消毒，然后按放射性固体废物进行处理。

④ GBq 数量级以下且失去使用价值的废弃密封放射源，必须在具备足够外照射屏蔽能力的设施里存放，等待处理。

⑤ 比活度小于或等于 $7.4 \times 10^5 \mathrm{Bq/kg}$ 的医用废物，或废物经衰变比活度小于 $7.4 \times 10^4 \mathrm{Bq/kg}$ 以下后，即可按一般废弃物进行处理。

⑥ 如果可能，应将废弃的密封放射源退还给供应商，或向当地环境保护部门提出申请，要求处置放射源。

第五章
实验室应急与信息安全管理

第一节　实验室安全事故应急管理

实验室安全事故的应急管理，就是实验室管理者在实验室事故发生前进行预防、发生时进行应对、发生过程中进行处置以及发生后处理的过程中，通过建立必要的应急机制，采取相应的应急措施，预防事故的发生或降低事故的危害，尽快恢复实验室正常秩序的过程。

在构建实验室安全事故应急管理体系时，通常考虑以下方面。

1. 应急工作组织系统

实验室应急管理体系构建时，首先应成立安全事故应急领导小组，该小组是处理实验室安全事故（事件）的最高指挥机构。小组成员组成主要由实验室领导和相关职能处室负责人组成，以确保事故发生后，整个安全事故的处理能够在领导小组统一高效指挥下完成，避免事故责任的推卸以及处置时部门之间的相互推诿。

安全事故应急领导小组主要职责是指挥和协调实验室安全事故（事件）应急处置工作；组织制定和完善应急预案，决定应急预案的启动和终止；组织分析、研究实验室安全事故（事件）有关信息，对处理过程中的重要举措做出决策；组建应急救援队伍，配备应急救援设施、器材，审批重大事件应急救援费用；向政府有关部门和应急机构等社会力量寻求援助；接受上级机关的领导，向上级请示并落实上级指令，审定并签发递交上级机关的报告，审定对外发布的信息。

实验室安全应急预案启动后，领导小组自动转为应急救援指挥中心。应急救援指挥中心的职责是进行事故现场应急处置的指挥和协调；根据应急预案及现场需要，调动应急救援力量和资源（包括人员、设备、物资、交通工具等），根据现场情况调整救援抢险方案。如事故得不到有效控制时，决定是否提升应急响应级别；核实应急终止条件，应急处置工作完成后作出总结。事故救援过程中各工作组组成和主要职责如表 5-1 所示。

表 5-1　应急救援工作组成及主要职责

应急救援工作组	主要职责
施救处置组	紧急状态下的现场抢救、现场危险源的控制和处理、设备抢修等
安全警戒组	事故现场的警戒保卫和隔离工作、人员的疏散保护工作，保证事故应急救援现场的道路通畅等
物资供应组	为救援、处置和善后工作提供必要的物资供应，采购、保管应急救援物资，确保在应急救援时能有效、及时提供后勤保障，保证应急救援时水、电的供给与控制
医疗救护组	组织救护车辆、医务人员、急救器材进入指定地点，组织现场抢救伤员及转送等
善后处理组	安全事故的善后处理，发布事故处置过程、结果，组织对安全事故开展调查等

2. 实验室安全事故预警系统

实验室安全事故预警系统的主要工作内容是做好实验室危险源辨识和风险评估，确定安全事故潜在危险源的种类和危险等级，明确标示危险源的空间和地域分布，依据相关安全法规和技术标准强化对危险源的严格管理，采取针对性的预防措施，防止安全事故的发生及事故发生后危害范围扩大。明确实验室、相关科研人员的安全职责，建立从实验室责任人到具体实验操作人员的全方位安全责任制，认真落实实验室安全管理制度，加强应急反应机制的长效管理，在实践中不断修订和完善实验室安全应急预案。

定期开展对相关危险源的检查工作，并在危险要害部位安装摄像头或检测装置，实现对重大危险源的实时监测。做好应对实验室突发安全事件的人力、物力和财力的储备工作，确保实验室安全事故应急所需设施、设备的完好、有效。在危险要害部位，设置明显的安全警示标志。对潜在的事故隐患，依照应急管理预案规定的信息报告程序和时限及时上报，对可能引发实验室安全事故的重要信息及时进行分析、判断和决策，并及时发布预警信息，做到早发现、早报告、早处置。在确认可能引发某类事故的预警信息后，应根据已制定的应急预案及时部署，迅速通知或组织有关部门采取行动，防止事故发生或事态的进一步扩大。

3. 应急响应系统

实验室事故类型多，危险源也多。根据危险源种类及分布情况，将实验室安全事故归纳成危险化学品事故、实验室火灾事故、实验室辐射（放射）事故、实验室生物安全事故、机械和强电相关事故等。为提高实验室安全事故应急处置效率和能力，当确认安全事故即将或已经发生后，实验室直接管理人员应根据事故的等级和类别作出合适的应急响应。主要流程如图 5-1 所示。

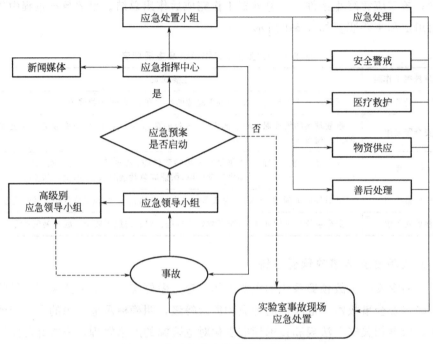

图 5-1　实验室安全事故应急处理流程

第一，当确认实验室安全事故即将或已经发生后，实验室直接管理人员根据事故等级和事故的类别立即作出响应，立即启动应急预案，成立现场指挥小组。

第二，各应急处置工作小组应立即调动有关人员赶赴现场，在现场指挥小组的统一指挥下，开展工作。

第三，如事故和险情未能得到有效控制，现场指挥小组应立即提高响应级别，并及时向上级主管部门报告。

第四，根据事故和险情的变化与发展，及时向上级主管部门报告情况，适时通过媒体发布有关信息，正确引导舆论。

第五，参加重大事故应急处置的工作人员，应按照预案的规定，采取相应的保护措施，并在专业人员的指导下进行工作。当事故险情得到有效控制，危害被基本消除，受困人员全部脱离险境、受伤人员得到基本救治，次生危害被排除，由指挥中心宣布应急救援结束；重特大事故，应取得上级主管部门同意后，方可宣布应急救援结束。

4. 后期处置系统

第一，应急恢复。在事故和险情得到有效控制后，各部门应根据领导小组指示，积极采取措施和行动，尽快使科研活动和实验室环境恢复到正常状态。

第二，善后处置。实验室及室内设备在事故发生后遭到严重损坏，必须进行全面检修，经检验合格后方可重新投入使用。对严重损坏、无维修价值的设备应当予以报废。安全事故中，如有毒性介质、生物介质和病毒泄漏，应当经环保部门和卫生防疫部门检查并出具意见后，方可进行下一步修复工作。按国家有关规定做好安抚、理赔工作，提供心理及司法援助。

第三，调查与评估。事故应急处置完成后，实验室管理部门需立即对事故的原因进行调查，询问事件或事故的当事人，记录事件或事故发生时的状态，填写事故调查单。事故处理后要分析事故发展过程，吸取教训，提出改进措施，进一步完善和改进应急预案。

第二节　实验室应急处理预案

一、实验室应急预案的制定

1. 应急预案的制定原则

针对性：针对具体的事故（或突发事件）和场所。

科学性：尊重事实，采用科学的理论和方法。

持续有效性：根据实际情况，定期或不定期进行评审，确保应急预案适合现实情况。

充分性：应充分评估事故及其发展过程，准备必要的各类资源，建立完善的支持保障附件。

在应急预案编制、修改和执行过程中，应始终坚持救护优先、保护生命的原则。

2. 实验室应急预案内容介绍

实验室应急预案应当根据有关法律、法规的规定，针对突发事件的性质、特点和可能造成的社会危害，具体规定：

① 突发事件应急管理工作的组织指挥体系与职责；

② 突发事件的预防与预警机制；

③ 处置程序；

④ 应急保障措施；

⑤ 事后恢复与重建措施等内容。

进行应急预案制定时可进行灵活处理，特别是根据实验室的管理规模以及可能出现事故的等级，实验室可以在充分考虑上述主要系统构建要素的基础上，依据以下相关法律，自行制定组织结构合理、操作切实可行的安全事故应急预案：

《中华人民共和国安全生产法》

《中华人民共和国传染病防治法》

《中华人民共和国突发事件应对法》

《突发公共卫生事件应急条例》

《病原微生物实验室生物安全管理条例》

《国家突发公共卫生事件应急预案》

3. 实验室应急预案的编制

（1）成立预案编制小组

指定编制小组领导，制定编制计划，划分工作组。

（2）实验室危险分析及应急能力评估

实验室危险分析及应急能力评估是应急预案编制的基础和关键环节，通过危险分析和应急能力评估，应判断：实验室可能发生的事故类型、事故地点或场所；事故可能涉及的机构，是否需要外部机构支持；可能导致事故发生的设备设施、材料、物质和工具等；事故的直接危害范围，以及可能受到危害的范围及事故发展影响的范围；事故造成的后果，如经济损失、伤亡人数等；事故发展的过程以及控制事故扩大的关键时刻。

（3）编制应急预案

（4）应急预案的评审与发布

应急预案评审是应急预案管理工作中非常重要的一个环节，重大应急预案编制完成后，应当组织有关人员对应急预案进行系统评审，通过评审来发现应急预案存在的缺陷和不足并进行及时纠正，充分满足应急预案发布和实施的要求。

二、实验室常见安全事故应急处置措施介绍

（一）实验室发生触电事故的应急处置措施

应先切断电源或拔下电源插头，若来不及切断电源，可用绝缘物挑开电线。在未切断电源之前，切不可用手去拉触电者，也不可用金属或潮湿的东西挑电线；触电者脱离电源后，应就地仰面躺平，禁止摇动伤员头部；检查触电者的呼吸和心跳情况，呼吸停止或心脏停跳时应立即施行人工呼吸或心脏按摩，并尽快联系医疗部门救治。

（二）实验室发生火灾事故应急处置措施

若发生局部火情，立即使用灭火器、灭火毯、沙箱等灭火。同时采取适当措施如切断电源、关闭煤气阀、迅速转移危险物品等防止火势蔓延；若发生大面积

火灾，实验人员已无法控制，应立即报警，通知并组织人员进行紧急疏散。同时，应向实验室负责人报告。报警时要讲明发生火灾的地点、燃烧物质的种类和数量、火势情况、报警人姓名、电话等详细情况。有人员受伤时，应立即向医疗部门报告，请求支援。

（三）化学类安全事故应急处置措施

1. 一般事故的应急处理方法

（1）吞食时的应急处理方法

因误吞药品中毒而发生痉挛或昏迷时，非专业医务人员不可随便进行处理。除此以外的其他情形，则可采取下述方法处理。进行应急处理的同时，需立刻找医生治疗，并告知其引起中毒的化学药品的种类、数量、中毒情况（包括吞食、吸入或沾到皮肤等）以及发生时间等有关情况。

① 为了降低胃中药品的浓度，延缓毒物被人体吸收的速度并保护胃黏膜，可饮食下述任一种物品：牛奶，打溶的蛋，面粉，淀粉或土豆泥的悬浮液以及水等。

② 如果一时找不到上述物品，可于 500mL 蒸馏水中，加入约 50g 活性炭。用前再添加 400mL 蒸馏水，并充分摇动润湿，然后分次少量吞服。一般 10～15g 活性炭，大约可吸收 1g 毒物。也可将两份活性炭、一份氧化镁和一份丹宁酸混合均匀，该混合物称为万能解毒剂，可将 2～3 茶匙此药剂加入一酒杯水做成糊状服用。

③ 用手指或匙子的柄摩擦患者的喉头或舌根，使其呕吐。若用这个方法还不能催吐，可于半酒杯水中，加入 15mL 吐根糖浆（催吐剂之一），或在 80mL 热水中，溶解一茶匙食盐，给予饮服（但吞食酸、碱之类腐蚀性药品或烃类液体时，因有胃穿孔或胃中的食物一旦吐出将进入气管的危险，因而，遇到此类情况不可催吐）。绝大部分毒物于 4h 内，即从胃转移到肠。

④ 用毛巾之类东西，盖在患者身体上进行保温，避免从外部升温取暖。

（2）吸入时的应急处理方法

① 立刻将患者转移到空气新鲜的地方，解开衣服，放松身体。

② 呼吸能力减弱时，要马上进行人工呼吸。

（3）沾着皮肤时的应急处理方法

① 用自来水不断淋湿皮肤。

② 一面脱去衣服，一面在皮肤上浇水。

③ 不要使用化学解毒剂。

（4）进入眼睛时的应急处理方法

① 撑开眼睑，用水洗涤 5min。

② 不要使用化学解毒剂。

2. 化学烧伤的应急处理方法

化学烧伤比单纯的热力烧伤更为复杂，由于化学物品本身的特性，化学物质对人体组织有热力、腐蚀致伤作用，造成对组织的损伤不同，其烧伤程度取决于化学物质的种类、浓度和作用持续时间，所以在急救处理上有其特点。常见的几种化学烧伤的救护方法如下：

（1）高温矿渣

① 立即将伤员救出烧伤现场。

② 迅速熄灭被烧着的衣服鞋帽，并脱掉烧坏的衣物。

③ 立即用大量自来水冲洗创面 3～5min，针对口内和鼻腔内进入的火灰，要立即漱口和清理，如眼内有矿灰要用植物油或石蜡油棉签蘸去颗粒。

④ 视伤情需送医院治疗的，要立即由专人护送，用干净的布覆盖创面，以防途中发生意外。

（2）强酸类

强酸如盐酸、硫酸、硝酸、王水（盐酸和硝酸混合液）、石炭酸等，伤及皮肤时，因其浓度、液量、面积等因素不同可造成轻重不同的伤害。酸与皮肤接触，将立即引起组织蛋白的凝固使组织脱水，形成厚痂。厚痂的形成可以防止酸液继续向深层组织浸透，减少损害，对伤员有利。如现场处理及时，一般不会造成深度烧伤。更重要的是注意眼睛。

盐酸、石炭酸的烧伤，创面呈白色或灰黄色；硫酸的创面呈棕褐色；碳酸的创面呈黄色。

如系通过衣服浸透烧伤，应即刻脱去衣物，并迅速用大量清水反复地冲洗创面。充分冲洗后也可用中和剂——弱碱性液体如小苏打水（碳酸氢钠）、肥皂水冲洗。石炭酸烧伤可用酒精中和。硝酸烧伤用攸琐溶液中和，效果更好。若无中和剂也不必强求，因为充分的清水冲洗是最根本的措施。

（3）强碱类

强碱如苛性碱（氢氧化钾、氢氧化钠）、石灰等，对组织的破坏力比强酸更重，因其渗透性较强，可深入组织使细胞脱水，溶解组织蛋白，形成强碱蛋白化合物而使伤面加深。

如果是碱性溶液浸透衣服造成的烧伤，应立即脱去受污染衣服，并用大量清水彻底冲洗伤处。

充分清洗后，可用稀盐酸、稀乙酸（或食醋）中和，再用碳酸氢钠溶液或碱性肥皂水中和。根据情况，请医生采用其他措施处理。

（4）磷

磷及磷的化合物在空气中极易燃烧，氧化成五氧化二磷。伤口在白天能冒烟，夜晚可有磷光，这是磷在皮肤上继续燃烧造成的，因此伤面多较深，而且磷是一种毒性很强的物质，被身体吸收后，能引起全身性中毒。

急救处理的原则是灭火除磷，然后用浸透有关液体的纱布包扎。如磷仍在皮肤上燃烧，应迅速灭火，用大量清水冲洗。冲洗后，再仔细察看局部有无残留磷，也可在暗处观察，如有发光，用小镊子夹剔除去，然后用浸透1％的硫酸铜纱布敷盖局部，以使残留磷生成黑色的二磷化三铜，然后再冲去。也可以用3％双氧水或5％碳酸氢钠溶液冲洗，使磷氧化为磷酐。如无上述药液，可用大量清水冲洗局部。

一般烧伤多用油纱布局部包扎，但在磷烧伤时应禁用。因磷易溶于油类，促使机体吸收而造成全身中毒，而应改用2.5％碳酸氢钠溶液敷2h后，再用干纱布包扎。

对于全身中毒者，主要是采取保护肝脏的疗法，如静脉注射50％高渗葡萄糖液，或静脉滴注5％～10％的葡萄糖液等；服用其他保肝药物如肝泰乐。肾脏损伤出现蛋白尿、血尿者，可应用碱性药物如碳酸氢钠注射。

（四）生物类安全事故应急处置措施

（1）刺伤、切割伤或擦伤

受伤人员应当马上脱下防护服，清洗双手和受伤部位，使用适当的皮肤消毒剂进行消毒并作临时医学处理，受伤较重的要尽快到附近医院治疗。处理后要记录受伤原因和可能感染的微生物，并保留完整的医疗记录。

（2）动物咬伤

先用大量清水冲洗伤口，然后用肥皂或者碘酒等对伤口进行清洗消毒和其他临时处理，切不可用嘴吸。尽快到卫生疾控部门进行进一步的局部伤口处理，必要时需注射疫苗。

（3）误食潜在危险性物质

立即脱下受害人的防护服，将受害人送到医院进行医学处理，告知医生食入的物质以及事故发生的细节，并保留完整的医疗记录。

（4）潜在危害性气溶胶释放（在生物安全柜以外）

所有人员必须立即撤离相关区域，同时立即通知实验室负责人，并张贴"禁止进入"标识，实验室人员应在负责人的指导下穿戴适当的防护服和呼吸保护装备对污染进行清除。任何暴露人员都应接受医学咨询。

（5）感染性物质溢出

容器破碎等导致感染性物质溢出时应立即使用布或纸巾覆盖受感染性物质污染或溢洒的破碎物品，然后进行收集和消毒。感染性物质收集完成后应用消毒剂擦拭污染区域。整个处理过程须佩戴结实的手套，用于清理的布、纸巾和抹布等也应当放在盛放污染性废弃物的容器内。

（6）盛有潜在感染性物质的离心管破裂

离心机正在运行时出现离心管可能破裂的现象，应立即关闭离心机电源。如果机器停止后发现离心管确实破裂，应立即将盖子再盖好，通知实验室负责人。离心机应在实验室负责人指导下进行清理，所使用的全部材料都应按感染性废弃物进行处置，离心机内腔须经过消毒处理后才能重新使用。

（五）辐射类安全事故应急处置措施

发生辐射事故时，事故发现人应立即停止操作，做好现场警戒标志，保护好现场。

确定发生辐射事故的时间、地点、原因、影响范围及严重程度，及时向实验室负责人和环境保护部门报告。

组织有关人员尽快及时封锁事故现场，禁止非事故处理人员靠近辐射区域，减少对他人及环境的影响。

对受误照射人员进行现场急救处理，送往当地卫生部门进行计量测定，确定辐射影响范围，进行相应的救治工作，不得拖延辐射人员诊治时间。

应急救援小组成员应迅速分析查明发生事故的原因并制定事故处理方案，尽快排除故障。

确定事故已得到控制，受害人员得到有效救治，放射性污染受到了有效处置，辐射环境监测结果符合要求，由应急处理领导小组组长负责宣布应急处理救援程序关闭。

应急救援小组负责将应急救援程序关闭、事故已得到消除、辐射环境监测达标等信息以书面或其他有效文本形式通知参与应急救援的单位、机构、人员并确认这些单位和人员已知晓。

出现故障的设备由专业技术人员维修，经有资历的检测机构对其进行检测，合格后方可启用，达不到要求不得投入使用。

第三节　实验室信息安全与管理

一、实验室信息化发展及意义

随着科学技术的发展，科研投入增加，实验室规模扩大，检测样品量增多，实验室每日都会产生大量的数据。传统的以人工、纸质等方式为主的管理模式存在工作效率低下、信息交流不通畅、资源配置不合理的弊端，严重制约了实验室的发展。近年来，计算机网络化管理使信息化实验室的建立成为一种趋势和潮流。在新形势下，我国高校及企业要在吸收国外实验室建立的基础上，结合自身的实际情况，探索一套适合实际的建设和管理模式，使计算机、网络全面参与实验室管理，从而提高实验室工作效率。

实验室信息化建设的意义：

① 有利于实验室管理体制与管理模式的创新。

② 有利于实现实验资源的统筹规划。

③ 有效促进实验室间的信息交流和资源共享。

④ 降低实验室运行成本。

⑤ 保证实验数据的完好性和真实性。

⑥ 将珍贵的人力解放出来，使人员有更多的时间和精力投入到科研工作。

因此，必须要选择合适的实验室信息化管理工具，制定合理的信息安全措施，帮助实验室早日完成信息化建设，提高科研效率。

二、实验室信息安全措施

1. 制定实验室制度

以不同人员的责任与义务为基础制定规章制度，确保实验室信息化管理的正常运转。设备使用者应当做好实验室的清洁工作，在设备出现问题时能够及时上报；实验室设备管理人员应当做好设备的维护。

2. 建立实验室日常工作管理电子档案

以往实验室日常管理手段较为落后，导致了实验室管理工作程序繁琐，效率不高。建立实验室日常工作管理电子档案是实现实验室信息化管理的基础，它能够使实验室日常工作变得更加流程化、固定化，从而简便了繁琐的程序，提高了管理的效率。

3. 管理系统维护

管理系统的维护能够确保实验室信息化管理的正常运转。受黑客、病毒的攻击以及不确定因素造成系统故障时，管理系统常常会出现无法正常运转的问题，为避免这一问题的出现，实验室系统管理人员必须做好系统的维护工作。首先，要做好对不良信息的拦截，实时保护管理系统。其次，要在管理系统上发布实验信息、设备使用情况、实验室的开放和关闭、实验室的突发情况处理规范等多方面内容，提高使用者在遇到问题时的及时处理能力。最后，要做好设备使用者的管理工作。

第六章
实验室安全事故主要类型与案例分析

第一节　实验室安全事故主要类型

实验室安全事故是指因种种不安定因素在实验室引发的与人们的愿望相违背使实验操作发生阻碍、失控、暂时或永久停止并造成人员伤害或财产损失的意外事故。

实验室安全事故根据具体的事故原因分为以下 9 类：

（1）火灾事故

造成这类事故的主要原因是实验室用电不当。供电线路老化超负荷运行可导致线路发热引发火灾；高电压实验室电器设备发生火花或电弧、静电放电产生火花等也会引发火灾；操作人员用电不慎或操作不当也会引起电气火灾。

（2）爆炸事故

爆炸性事故多发生在具有易燃易爆物品和压力容器的实验室。酿成事故的主要原因有：①违反操作规程，引燃易燃物品，进而导致爆炸；②易燃气体在空气中泄漏到一定浓度时遇明火发生爆炸；③压力气瓶遇高温或强烈碰撞引起爆炸等。

（3）辐射事故

实验室违规使用放射性同位素或违规操作含有放射源的装置时有可能引发辐射事故。这类事故对人体造成的伤害主要有：①短时间大剂量的射线照射会导致人体肌体的病变；②长时间小剂量的射线照射有可能产生遗传效应；③大量吸入放射性物质可能导致人体内脏发生病变。此类事故是看不见、摸不着的杀手。

（4）生物安全事故

随着现代生物技术的迅速发展，生物安全的问题日益凸显。在微生物实验室由于管理上的疏漏或技术上的缺陷造成的意外事故不仅可能导致实验室工作人员的感染，还可能造成大面积的人群感染或者环境的污染。生物实验室的废弃物甚至比化学实验室的更加危险。生物实验室的废弃物中可能含有传染性的病菌、病毒以及放射性物质等，对人类的健康和环境都可能造成极大的危害。

（5）机电伤人事故

这类事故多发生在存在高速旋转或冲击运动的机械实验室，或者是带电作业的电气实验室和一些高温实验室。造成事故的主要原因是操作不当和缺少防护。

（6）危险化学品人身毒害事故

化学实验室往往需要使用各种各样的化学试剂，有些化学试剂是有毒有害的，有些甚至是有剧毒的。实验人员在做化学实验时如不了解化学药品的性质，错误操作，会导致事故发生；化学药品配制、使用不当也可能引起爆炸或者液体飞溅而伤害人体。有些化学药品易燃易爆，具有腐蚀性、毒害性、致癌性，轻者损伤皮肤，重者烧毁皮肤，损伤眼睛和呼吸道，甚至损伤人的内脏和神经等。

（7）环境污染事故

有毒有害的化学、生物废液、废弃物如果不能有效回收和恰当处置则可能会污染环境。

（8）设备损坏事故

此类事故是指在实验室内发生了设备的损坏。设备损坏主要有客观原因和人为原因两大类。客观原因主要是突然停电（线路故障、雷击等）、自然灾害等造成的设备损坏。人为原因主要是由于实验人员操作不当，违反操作规程，缺少防护措施或者保护装置，造成设备的损坏。设备损坏有时还伴有人员伤害。

（9）设备或技术被盗事故

此类事故是由于实验室管理不到位，实验室人员安全意识淡薄，让犯罪分子有机可乘。特别是像计算机等体积小又有广泛使用功能的设备被盗情况，不仅造成实验室的财产损失影响实验室的正常工作，甚至可能造成核心技术和资料的外泄。

第二节　实验室安全事故案例分析

1. 生物实验室安全事故

案例一：1979 年，在俄罗斯的斯维尔德洛夫斯克武器实验室，由于有人忘记在排气装置上安装过滤器，直接导致 64 人死于接触炭疽病，这是生物实验室有记载的最大伤亡感染事件。

案例二：2011年3月东北农业大学实验室28名师生被发现感染布鲁氏菌（是一种乙类传染病，与艾滋病、炭疽病等20余种传染病并列）。该起事故的起因是该实验室未按国家及黑龙江省实验动物管理规定购入4只山羊，并在4只山羊作为实验动物的5次实验前，未按规定对实验山羊进行现场检疫，造成严重后果及不良社会影响。

事故原因：两个案例都是由于实验员未能严格执行生物安全管理和病原微生物标准，导致事故发生。

预防措施：

① 实验室操作人员应严格遵守实验室生物安全规定。

② 实验室应标识生物危害标志、禁止非批准实验人员进入，实验室门应保持关闭。

③ 移液时禁止用口吸，出现感染性物质外泄时，必须向实验室安全主管报告。

④ 人员必须佩戴防护眼镜，穿戴工作服、手套、鞋套等安全防护产品，禁止在实验室区域内饮水、食用食物，工作服禁止和常服放置一处。

⑤ 划分工作区域，在相应区域执行相关工作，不可放置与实验无关物品，保持实验台面清洁，完成实验后，台面应及时清洁消毒，防止污染。

⑥ 实验废弃物应经过灭菌处理，消除污染。

⑦ 现场产生的所有危险废物，都必须分类好，存放在指定的暂存区内，暂存区必须有相应防治措施，防止污染扩散。

事故原因：瑞海公司危险品仓库运抵区南侧集装箱内硝化棉由于湿润剂散失出现局部干燥，在高温（天气）等因素的作用下加速分解放热、积热自燃，引起相邻集装箱内的硝化棉和其他危险化学品长时间大面积燃烧，导致堆放于运抵区的硝酸铵等危险化学品发生爆炸。究其深度原因是事故企业严重违法违规经营，有关地方政府安全发展意识不强，危险化学品安全监管体制、机制不完善，危险化学品安全管理法律法规标准不健全。

预防措施：

① 化学试剂应分类、分等级粘贴标识。

② 易燃、易挥发、易溶的有机溶剂，具有强氧化性、腐蚀性、还原性的无机试剂要关注其危险性，并分开放置。

③ 化学试剂引发着火，一般应用水、消防沙、二氧化碳灭火器、四氯化碳灭火器、泡沫灭火器或干粉灭火器等合适的灭火设备进行灭火。但在灭火前我们应该慎重考虑化学试剂的种类和性质选择合适的灭火方式。例如着火时有活性金属钠、钾、镁、铝粉等物质，可使用干沙灭火；易燃溶剂丙酮、汽油等着火，可使用泡沫灭火器。

④ 压力容器、压缩气体爆炸，应遵守工艺纪律，严格按照压力容器系统的工艺规程进行操作。平时应加强巡查、注意观察，记录相关仪表的显示，加强工艺操作人员的培训，使其熟悉掌握工艺流程、操作规程和应急预案。

⑤ 实验室内禁止吸烟，禁止明火。

2. 清华大学实验室爆炸

2015 年 12 月 18 日上午，清华大学化学系一间实验室发生爆炸火灾事故，一名正在做实验的博士后当场死亡。

事故原因：博士后在实验室内使用氢气做化学实验时发生爆炸。

预防措施：

① 易燃易爆气体钢瓶应安装报警装置、防护装置。

② 易燃易爆等气体应与其他惰性气体分开放置，并放置标识卡片。

③ 气体存放应避免阳光直射。

④ 应按照气体使用要求，正确使用气体。

⑤ 实验室内禁止存放大量气瓶。

3. 12. 26 北京交通大学实验室爆炸事故

2018 年 12 月 26 日，北京交通大学环境工程实验室内学生进行垃圾渗滤液污水处理实验时，发生爆炸引发火灾（图 6-1）。经核实，事故造成 3 名参与实验的学生死亡。

图 6-1　北京交通大学实验室爆炸

事故原因：在进行垃圾渗滤液污水实验时，使用搅拌机对镁粉和磷酸搅拌反应过程中，料斗内产生的氢气被搅拌机转轴处金属摩擦、碰撞产生的火花点燃爆炸，继而引发镁粉粉尘云爆炸，爆炸引起周边镁粉和其他可燃物燃烧，造成现场 3 名学生死亡。

预防措施：

① 落实实验室危险化学品安全管理规范，排查实验室安全隐患并整改，明确实验室工作的规范性、安全性。

② 加强实验室安全培训，明确安全管理责任，严格执行各项安全管理措施。

③ 在实验室安全培训中，应加强培训实验室安全操作规范，加强发生实验室安全事故时，人员如何采取补救措施、如何疏散、如何灭火等培训。

④ 所有危险废物都必须回收，交予有资质的厂商处理。

⑤ 危废暂存区内必须有足够数量的灭火器与安全防护设备，暂存区人员必须经过应急救援的训练，定期参与应急演练。

⑥ 危险废物储存点不得放置其他物品，应配备相关的消防器材及危险废物标识。

4. 实验室用电、水事故

2010 年 6 月 3 日下午，宁波大学一重点实验室发生大火，消防大队接警后立即赶赴现场扑救，所幸没有人员伤亡。

事故原因：实验室两位学生正在用电磁炉熔化石蜡，实验过程中暂时离开了一会发生了火灾。实验人员离开实验室或遇突然断电，应关闭电源，尤其要关闭加热电器的电源开关。

预防措施：

① 电炉、烘箱等用电设备在使用中，使用人员不得离开。

② 定期检查线路，禁止违规接线，应安装漏电保护装置（图 6-2）。

检查键：如按下检查键按钮，开关没有向下跳动，复位键没有弹起，处于通电状态，说明漏电保护装置出现问题，需要更换。

复位键：如检查时开关自动向下跳动，复位键自动弹起，处于断电状态，则正常；先按下复位键，再拉起左下角开关，电器可通电。

图 6-2　漏电保护装置

③ 实验结束后应及时关闭仪器设备电源。

④ 实验室接电位置应有安全标识。

⑤ 人员离开前应检查实验室内空调、计算机、电热器等是否全部关闭。

⑥ 仪器设备放置处，禁止台面积水，且台面应洁净（违规操作见图 6-3）。

⑦ 电源裸露部分应有绝缘装置（例如电线接头处应裹上绝缘胶布）。

⑧ 所有电器的金属外壳都应接地保护。

⑨ 实验时，应先连接好电路后才接通电源。实验结束时，先切断电源再拆

线路。

⑩ 如有人触电，应迅速切断电源，然后进行抢救。

台面不洁净，清洁不到位

设备放置台面有积水，容易发生触电危险

图 6-3　违规操作示例图

⑪ 实验室的上、下水道必须保持通畅。应让师生员工了解实验楼自来水总闸的位置，当发生水患时，应立即关闭总阀。

⑫ 实验室要杜绝自来水龙头打开而无人监管的现象，要定期检查上下水管路、化学冷却冷凝系统的橡胶管等，避免发生因管路老化等情况所造成的漏水事故。

⑬ 冬季做好水管的保暖和放空工作，防止水管受冻爆裂。

5. 剧毒品管理漏洞：复旦大学投毒案

2013 年 4 月，复旦大学 2010 级硕士研究生林森浩将其做实验剩余并存放在实验室内的高毒性有机化合物带至寝室注入饮水机中，导致同学黄洋死亡，引起社会巨大反响。

事故原因：犯罪嫌疑人林森浩是受害人黄洋的室友，投毒药品为剧毒化学品 N-二甲基亚硝胺。据查，林森浩从实验室取出做动物实验剩余的装有 75mL N-二甲基亚硝胺的药瓶和一支已经吸了约 2mL N-二甲基亚硝胺的注射器，并装入一个黄色医疗废弃物袋中带离该实验室，趁无人在将试剂瓶和注射器内的 N-二甲基亚硝胺原液投入该室饮水机内致使室友黄洋中毒死亡。这一事件引发热议。专业知识丰富的名校学生守不住基本的道德和人性底线，让人警醒，同时，也为实验室潜在危险的预防和管理敲响了警钟。

预防措施：

① 危险化学品必须储存在专用储存室内，储存方式、方法与储存数量必须遵守国家规定，并由专人管理。

② 危险化学品专用储存室，应当符合国家标准对安全、消防的要求，设置明显标识。储存室的储存设备和安全设施应当定期检查。

③ 危险化学品储存室应备有合适的材料收容泄漏物。

④ 实验室化学品以酸、碱、有机物的分类原则分开储存，切忌混储。

⑤ 储存不同化学品时需参考对应的化学品安全技术说明书。

⑥ 化学品由专人负责保管，其他人使用或借出必须征得负责人的同意并且登记。

⑦ 剧毒化学品的管理要严格实行"双人保管、双人领取、双人使用、双人双锁保管，双本账"的五双制度。

⑧ 处置废弃危险化学品，应依照固体废物污染环境防治法和国家有关规定执行。

⑨ 实验室应制定危险《化学品泄漏应急预案》，配备应急救援人员和必要的应急救援器材、设备。

⑩ 发现危险化学品事故隐患时，立即排除或者限期排除。

⑪ 危险化学品必须附有和危险化学品完全一致的化学品安全技术说明书。

⑫ 储存、使用危险化学品时，应当根据危险化学品的种类、特性，在作业场所设置相应的通风、防晒、调温、防火、灭火、防爆、防毒或者隔离操作等安全设施、设备，并按照国家标准和国家有关规定进行维护、保养，保证符合安全运行要求。

⑬ 采取必要的保安措施，防止剧毒化学品被盗、丢失或者误用；发现剧毒化学品被盗、丢失或者误用时，必须立即向主要负责人报告。

预防措施：

① 加大隐患排查与治理工作：对隐患进行分析评估，确定隐患等级，登记建档，及时采取有效的治理措施。

② 明确安全生产职责、安全生产管理制度、各岗位安全操作规程。

③ 强化监管执法。执法人员组织开展专项检查，加大处罚力度，警示督促企业重大风险防控措施有效落地。

④ 强化企业主体责任落实，企业主要负责人明确专业管理技术团队能力和安全环保业绩要求。加强开展安全从业人员的培训工作，可以通过考试、演练的方法使员工熟记安全措施的处理方法，培养突发事件的应急能力。

⑤ 对于故意隐瞒重大安全环保隐患等严重违法行为，依法追究刑事责任。

⑥ 提升危险化学品安全监管能力。完善危险化学品生产、储存、运输、废弃处置等环节监管台账。

⑦ 加大应急管理、事故管理工作：企业应按规定制定生产安全事故应急预案，并针对重点作业岗位制定应急处置方案或措施，形成安全生产应急预案体系。

总结：近年来频发实验室安全事故，其中严重者已经造成了人员伤亡，这些血和泪的教训，为我们敲响了警钟，我们要重视实验室安全问题，建立实验室安全管理体系，对相关人员定期进行安全培训，定期检查实验室安全设施，定期进行消防演练等，并严格执行安全管理规范，决不能只把对安全的重视停留在制度上，要落实到实际行动中。同时还要密切关注高频、带有辐射、带有放射性仪器，重视实验室重力、震动等实验，注意通风，排水等设备运作，避免由于人员操作不当，造成安全事故。

参 考 文 献

［1］ 呼小洲，程小红，夏德强.实验室标准化与质量管理［M］.北京：中国石化出版社，2013.

［2］ 陈卫华.实验室安全风险控制与管理［M］.北京：化学工业出版社，2017.

［3］ 陈榕生.关于高校校园安全文化建设的思考［J］.教书育人（高教论坛），2015，（15）：72-73.

［4］ 许志华.液体石蜡油的一种灭菌方法［J］.中国消毒学杂志，2005，22（2）：236.

［5］ 文德学，顾雪梅，王兴林，等.菌种滤纸保存法的应用［J］.检验医学与临床，2013，10（11）：1486-1487.

［6］ 周德庆.微生物学教程［M］.3版.北京：高等教育出版社，2011.